来自妈妈的肯定话语，就像电灯的开关。在正确的时间对孩子说一句肯定的话，就如同点亮了整个房间的灯。

——加里·斯莫利

# 成长的秘密

## 儿童心理与行为规律案例解读

王燕　著

中国工人出版社

图书在版编目（CIP）数据
成长的秘密：儿童心理与行为规律案例解读 / 王燕著.
—北京：中国工人出版社，2019.9
ISBN 978-7-5008-7266-5
Ⅰ.①成… Ⅱ.①王… Ⅲ.①儿童—行为分析 Ⅳ.①B844.1
中国版本图书馆CIP数据核字（2019）第200852号

**成长的秘密：儿童心理与行为规律案例解读**

| | |
|---|---|
| 出 版 人 | 王娇萍 |
| 责任编辑 | 李素素 |
| 责任印制 | 栾征宇 |
| 出版发行 | 中国工人出版社 |
| 地 址 | 北京市东城区鼓楼外大街45号 邮编：100120 |
| 网 址 | http://www.wp-china.com |
| 电 话 | （010）62005043（总编室）<br>（010）62005039（印制管理中心）<br>（010）62382916（职工教育分社） |
| 发行热线 | （010）62005049 （010）62005042（传真） |
| 经 销 | 各地书店 |
| 印 刷 | 北京美图印务有限公司 |
| 开 本 | 880毫米×1230毫米 1/32 |
| 印 张 | 7.5 |
| 字 数 | 150千字 |
| 版 次 | 2019年10月第1版 2021年11月第2次印刷 |
| 定 价 | 39.00元 |

本书如有破损、缺页、装订错误，请与本社印制管理中心联系更换

# 前言

P R E F A C E

做父母需要学习吗？有些家长在教育孩子时不免会产生这样的困惑。在过去，绝大多数为人父母者虽然没有有意识地去学习如何教育孩子，但多数孩子依然身心健康地成长起来。那么，为什么现在，父母花费心思地去教育、塑造孩子，很多孩子却不断涌现各种身心问题呢？

要回答这一问题，首先我们要了解儿童成长究竟遵循什么规律。在计划生育政策实施之前，多子女家庭是中国家庭的常态。那时的父母，因为忙于生计，很多家庭都采取近似放养的模式让子女顺其自然地成长。虽然没有学习过教育和心理学理论，但遵从自然规律本身就是遵循了儿童发展的基本原则。因此，在以前，虽然没有有意识地学习各种儿童教育理论，很多父母仍然可以养出身心健康、适应良好的孩子。

但今天的社会已经发生了巨变，“4+2+1”或“4+2+2”已经成为家庭的常态结构。与之前相比，每个家庭的子女变少了，物质资源又相对充裕，家中长辈关注的核心变成了孩子，都想按照自己的意愿对孩子进行精雕细琢。并且，在当今社会读书唯上的观念下，父母通常把孩子的学习看作教育的终极目的，很多家长在“不能让孩子输在起跑线上”观念的引领下进行各项教育投资。这些揠苗助长式的培训，造成儿童发展过程中出现各种心理和行为问题。

因此，对于现代社会的家长们而言，教育的确是一门需要用心研究的领域。本书从儿童发展的基本规律入手，结合大量生动的案例，在儿童习惯培养、社会交往、学习路径以及行为问题矫正方面，为广大家长更为科学有效地对儿童进行教育提供了可供借鉴的方法。

知易行难。作为一名多年从事心理学研究的学者，在自己养育孩子的过程中，深深体会到遵循孩子心理规律的重要性，但又经常为如何把心理学原则恰如其分地融入到孩子的教育实践而劳心费神。为了提高教育的操作性，在多数案例分析中，我都尽可能详细地给出了具体的应对措施。

本书中的成人期亲子关系的案例是我组织复旦大学不同专业的学生基于访谈完成的，幼儿园儿童行为问题的12个案例由复旦大学幼儿园李皓燕园长和王珏副园长组织教师们基于日常教学实践观察完成。其余案例来自我在生活和临床中接触的各种家庭个案，以及对孩子成长过程的观察和反思。

教育是一个不争朝夕但又点点滴滴渗透于生活的过程，希望每位家长都能同孩子一起，在学习过程中不断完善自己。

王　燕

2019年7月于复旦大学

# 目录

C O N T E N T S

## PART 1

### 孩子在想什么

**——儿童的思维发展**

## PART 2

## 别错过孩子的敏感期

### ——儿童发展的关键期

## PART 5
## 同伴之间的友谊
### ——儿童的社会交往

## PART 6

## 孩子是怎样学习的

**——儿童的学习路径**

## PART 7
## 你的孩子为什么这样做
**——行为问题的根源**

PART 1

# 孩子在想什么

## ——儿童的思维发展

瑞士著名儿童心理学家指出，儿童思维的发展要经历感觉运动阶段→前运算阶段→具体运算阶段→形式运算阶段，才逐渐成熟。不同年龄阶段的孩子思维方式有所不同。0~2岁半的儿童处于感觉运动阶段，主要通过感觉和行动来感知周围世界，进而在此基础上发展出相应的思维模式。

## “球球去哪儿了？”——**客体永久性**

“4个月的蒙蒙坐在小车上玩球球，正玩得开心，一不小心把球球拍到了沙发底下。蒙蒙愣了一下，便又抓起了身边的毛绒小熊……”

“10个月的蒙蒙坐在小车上玩球球，正玩得兴起，一不小心把球球扔到了沙发下面。蒙蒙愣了片刻，马上指着沙发哇哇大哭起来，直到妈妈把沙发下面的球球捡起来放到他手里，他才开始继续开心地玩起来……”

4个月大的蒙蒙客体永久性还没建立起来，只关注能够看到的东西，一旦东西看不到了，就以为不存在了。10个月大的蒙蒙客体永久性已经建立起来了，虽然看不到球球了，但他知道球球并没有消失，只是被沙发挡住了。由此可以看出，客体永久性是指儿童脱离了对物体的感知而仍然相信该物体持续存在的意识。

在生活中，我们通常可以看到四五个月大的婴儿，当妈妈临时出去办事时会狂哭不止，其中的重要原因之一便是这些婴儿的客体永久性还没有建立起来，当看不到妈妈时，他们便认为妈妈消失了，从而用哭泣来表达安全感所遭受的严重威胁。而大于 9 个月的孩子，客体永久性已经开始建立，当妈妈暂时离开时，便会懂得妈妈没有消失，出去一会儿还会回来的。处于这个阶段的孩子也更好抚慰。

心理学家指出，孩子通常在 9~12 个月才能获得客体永久性。这个年龄段的孩子开始对“躲猫猫”游戏感兴趣，当大人把一件东西藏起来时，孩子会主动到相应的地方去寻找。通常认为，客体永久性是孩子思维能力正常发展的重要标志。寻找“不见的物体”则表明孩子头脑中已经建立客体永久性的概念，在此基础上认知进一步发展，获得初步的时空观念。

## 两天后的“鬼脸”——**延迟模仿**

2 岁的田田会不时地模仿周围人的各种动作。一天晚饭时，爸爸做了个鬼脸，田田看得咯咯直笑。两天后，田田突然笑着做出爸爸前几天的“鬼脸”，一次次不停地边笑边做鬼脸……

在超超 16 个月的时候，他们家楼上搬来了一家人，那家有一个 18 个月大的小男孩。两家的孩子经常在小区里见面。有一天，小男孩看起来很烦躁，总想从婴儿车里出来，他不停地大声尖叫、头向后仰、用背部撞靠椅，还使劲儿跺脚、拍打推车。超超惊讶地看着这个暴躁的小男孩，之前他从来没有见过这种场面。第二天，超超的妈妈惊讶地发现，超超竟然也在婴儿车里尖叫起来，并且不时地使劲拍打推车、头向后仰、用背部撞靠椅，还使劲儿地跺脚，同小男孩当时的表现几乎完全一样。

模仿是孩子成长过程中一种自发的学习机制。婴儿一出生就能进行模仿，而且非常善于模仿。因此，只要孩子醒着，他们就会不停地观察周围人的一举一动，他们所观察到的一切都会对其成长产生深远影响。这也是为什么即便孩子长大了，他们依然会在不经意间模仿父母的行为。

在上述两个案例中，田田和超超的行为都属于延迟模仿，与即时模仿不同，延迟模仿在所观察到的行为结束一段时间后才表现出来。这种行为提示成人，此时孩子的思维发展已经步入了新阶段，可以运用头脑中保留的形象记忆来调控自己的当前行为。

延迟模仿的现象非常形象地展示了观察学习在儿童行为塑造中的重要作用。随着思维的发展，儿童探索和求知的意识也会越来越强烈。通过对周围环境的观察和模仿，儿童逐渐形成自己日益复杂的行为模式。这也是环境影响儿童行为的一条非常重要的途径。

## “把小兔子放在地上再开门”——**行动的计划性**

1 岁 8 个月的林林手里拿着小毛绒兔子准备进入房间，当她开门时发现，如果不把小兔子放下就无法用两只手打开门。她犹豫了一下，把小兔子放在了地板上，打开屋门，然后捡起兔子走进了房间。可是，当她试图走出房间时情况就有些复杂了，因为门是往里开的。当把小兔子放在地板上开门时，小兔子会被挤压到墙角，于是，林林把小兔子拿起来放在开了一半的门前方，继续打开门后，再捡起小兔子走了出去……

通常而言，2 岁左右的儿童头脑中已经具备了解决问题的初步计划，他们的思维已经发展出“接下来要做什么”的内部表征。这也是 2 岁左右儿童思维发展的一个重要标志。

2~6 岁儿童的思维发展处于“前运算阶段（Preoperational Stage）”，这一阶段的儿童经历了之前通过感知觉和运动的形式对周围世界进行感知和思维的阶段之后，逐渐形成以感知运动为基础的符号思维能力，语言能力也迅速发展。

行动的计划性表现在很多方面。比如孩子双手抱着一个布娃娃，妈妈又拿来了一个小花球，10 个月大的孩子会直接扔掉布娃娃，然后去拿妈妈手中的小花球，因为这个年龄段的孩子头脑中还没有建立起行动的计划性。这一阶段的孩子处于直觉行动思维阶段，即儿童的思考只能反映自己动作所能触及的具体事物，而不能在动作之外思考，更不能计划自己的动作，也不能预见动作的效果。

而 2 岁左右的孩子则会先把布娃娃放到旁边的沙发上，然后再去拿小花球，因为在他们的头脑中已经建立起了行动的计划性。儿童行动的计划性随着年龄的增长而不断复杂化，思维也逐步成熟缜密。

## “5加3等于8，8减3等于几？”——**单向式思维**

5岁的小强在跟着爸爸学习。“5加3等于几？”小强掰着手指头数了半天说出了“8”，“5加3等于8，那8减去3等于几？”小强一脸蒙，“等于4？”

爸爸在纸上画了从自己家到奶奶家的线路图，并逐个地点指给小强看，多次之后，小强终于可以熟练地说出从自己家到奶奶家的线路图了。爸爸继续问：“小强，你知道从奶奶家到我们家怎么走吗？”小强抓耳挠腮地想了半天，一脸茫然地说，“不知道”……

上述场景在幼儿园阶段的孩子中非常普遍，碰到这种情况，爸爸妈妈往往会觉得孩子的头脑不太好使，这么简单的问题怎么就想不通呢？处于此阶段的孩子，思维的一个显著特点便是单向式思维，知道从A可以至B，但是从B到A的逆向思维能力他们暂时还不具备。

当然，父母的仔细重复性讲解在一定程度上有利于他们更早地建立逆向思维，但对绝大多数孩子而言，真正逆向思维的成熟要等到 6 岁以后。正是源于这个特点，幼儿园阶段的孩子很难掌握减法、除法等逆向运算。

在孩子逆向思维没有建立起来时，对孩子灌输减法、除法之类的计算对很多父母而言都是一项挑战，往往是父母费尽口舌，孩子仍一知半解。因此在教育中提倡要顺应儿童发展规律，当孩子到一定年龄段，比如 6 岁之后，对这些知识的接受和掌握就会容易得多。

在日常生活中，可以给孩子创设一个轻松、有趣、愉快的游戏环境，比如通过“反义词”“反向动作”等游戏激发孩子思考的兴趣，从而起到训练逆向思维能力的作用。

## 能看懂机场标识牌的孩子——**符号式思维**

一位妈妈讲了这样一件事："在5岁之前，我们没有教女儿学过任何汉字，她也不识字儿。有一次，我们在机场发现她居然可以说出各种标识牌的意思。我觉得很奇怪，心想这些字她都不认识呀。仔细一问，原来她都是靠标识牌上的图画来识别含义的。孩子同大人的注意焦点真是不一样。"

3~6岁儿童思维的特点之一是符号式思维。孩子通常会对看到的事物在头脑中形成比成人更为鲜明的图像符号，并且运用这些图像符号进行思维。在生活中，这种符号思维的一个表现便是孩子对看到过的事物特征会有更加清晰形象的记忆，另外，他们更擅长用图画的方式来描述自己头脑中的事物符号。从图形到文字，从具体到抽象，这是人类思维发展的自然过程。因此，让孩子自由画出头脑中的形象，是对此年龄段儿童思维的一种很好的训练方式。

## “我是大狮子！”——**拟人化思维**

晚上，妈妈带着3岁半的小豆在小区散步，碰到一个同小豆差不多大的女孩。两家大人随意聊了起来……不经意间，两个孩子开始了唇枪舌剑。“我是姐姐，我大。”“我大，我高，我是姐姐。”小豆对着人家“嗷嗷”大吼，“我是大狮子！”“你不是大狮子，我才是大狮子呢”，对方毫不示弱。“嗷——我是大老虎”，小豆又换了个角色。对方马上还击，“你不是大老虎，我才是大老虎呢”……

在上面的例子中，3岁半的小豆处于典型的泛灵化思维阶段。这一年龄段的孩子会用拟人化的眼光来看周围的一切，他们会赋予周围的事物——动物、植物，包括没有生命的器物——以人类的情感，认为它们都同自己一样，有生命、有情感。比如，一个孩子想按直线扔一个球，结果扔歪了，他会认为是球“不听话”。再大一点的幼儿认识虽提高了，但仍认为能运动的物体就是“活”的，即所谓的“泛灵化”思维。

正是由于这样的认知特点，幼儿园阶段的儿童会沉浸式地理解和喜欢童话故事和卡通片。儿童也正是通过“泛灵化”的思维来认识和体验周围的世界。

对于父母而言，理解儿童这种“拟人化”“泛灵化”的思维，以童话的方式向儿童进行知识讲解和行为指导，会收到事半功倍的效果。

父母可以利用孩子的认知特点，使之对相应的人或物产生移情心理，即同情心来引导孩子的行为，比如教育孩子爱护花草树木、小动物等。也可以用拟人化的方式回答孩子提出的各种小问题，以便于孩子理解和接受。

## “娃娃没藏在被子里”——**自我中心式思维**

5 岁半的昭昭非常喜欢她的芭比娃娃，一回家就抱着。隔壁的好朋友琪琪每天都过来同昭昭玩耍，也非常喜欢这个芭比娃娃。但是，昭昭不愿同别人分享。

一天下午，昭昭刚抱起芭比娃娃，就听到了琪琪的敲门声。昭昭灵机一动，赶紧把芭比藏到床上的被子里。琪琪一进来，昭昭就说，“我的芭比娃娃丢了，找不到了。你在房间里找找吧。”琪琪在玩具箱里、椅子下面都没找到，“咦，找不到娃娃呀”。昭昭的眼睛紧紧盯着放芭比娃娃的被子，生怕琪琪过去翻，大声对琪琪说，“琪琪，娃娃可没在被子里呀！”一旁的妈妈忍不住笑了起来。琪琪也非常认真而无奈地说，“哦，娃娃真的丢了呀！”

人们都熟知“掩耳盗铃”的故事，捂住自己的耳朵，以为别人也同自己一样两耳听不到声音。“此地无银三百两”也描述了类似的行为。这些行为的背后是一种典型的自我中心式思维。当成年人有这样的表现时，我们会觉得非常滑稽可笑，但对 3~6 岁的儿童而言，自我中心式的思维是他们认知发展的必经阶段。

上面案例中两个小朋友的表现就是典型的自我中心式思维，只能从自己的角度思考和看世界，还无法做到换位思考、由己及人。对 3~6 岁的儿童而言，换位思考能力的获得还有待时日。

在生活中，父母说教式的教育为什么对孩子而言经常如同对牛弹琴？主要原因就是孩子的思维能力同成人不在一个水平线上。对于 6 岁前的儿童而言，自我中心式的思维模式使得他们经常无法从成人的角度来理解某些道理。要提高沟通的有效性则有赖于父母从孩子的角度、采用孩子能够理解的语言进行交流。

## “哪个杯子里的水更多？”——**守恒能力的发展**

当着幼儿园孩子的面，在两个一样的玻璃杯中倒入同样多的清水。然后，再拿来一个杯口更阔的玻璃杯，把其中一个玻璃杯的水倒入阔口杯。接下来，再问孩子，“哪个杯子里的水多？”幼儿园阶段的孩子通常会说杯口窄的杯子里的水多，再追问“为什么呀”，孩子通常会指着杯子的水面说“这个更高呀”。

由表及里，从形式到内容，这是人类思维和认知发展的规律。对于3~6岁的儿童而言，他们的思维正处于只看表面却忽视本质、重形式却忽视内容的阶段。因此，对这一年龄段的孩子而言，他们的认知水平还无法理解“守恒”这一生活中最为常见的现象。

但对于6岁以上的孩子而言，他们会逐渐知道“两个杯子里的水一样多”，这表明他们已经建立了“体积守恒”的概念。类似的，把数量相同的小球摆成两列，如果不考虑如何排列小球的相对位置，儿童总能判断其数量“相等”，说明儿童头脑中已经建立了“数量守恒”的概念。

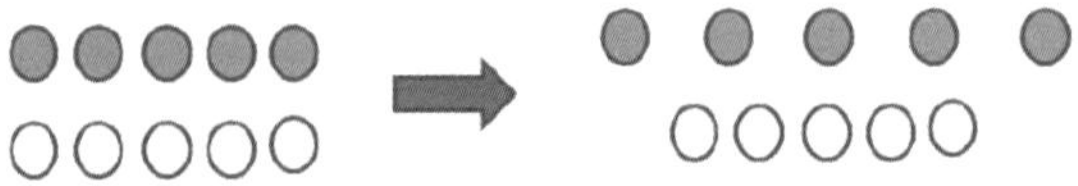

（a）　　　　（b）

幼儿园阶段儿童的各种守恒能力还没有发展起来。儿童6岁以后才开始建立各种守恒观念，在整个小学阶段，他们会逐步建立液体守恒、数量守恒、面积守恒、重量守恒、体积守恒等能力。守恒能力是儿童学习数学、物理知识的认知基础。

## “1+1 等于 11”——图片式形象思维

“1 加 1 等于几？”爸爸考 4 岁的女儿。“不知道。”“数一下手指。”孩子伸出两根手指，仔细看了看，认真地回答，“等于 11。”

“10 加 1 等于几？”爸爸考 5 岁的女儿。“等于 11。”“你会在纸上写出来吗？”“当然会了”，孩子说完，在纸上写下了“101”。

对于 3~6 岁的孩子而言，他们的认知水平还无法理解加减法的抽象意义，这个年龄段儿童的思维主要依赖具体的形象符号。因此，父母对这一阶段的孩子灌输过多的数学、语文之类的抽象知识其实都会事倍功半，有时候还会起到揠苗助长的效果。比如对“2 + 3 = 5”的计算，幼儿在计算的时候并非对抽象数字进行加总，而是依靠头脑中再现的事物表象，如 2 个苹果加上 3 个苹果，再数后得到的结果。

科学的教育方式是依据儿童的认知水平，用具体形象（如数手指、画图画）向孩子适当传授一些基础数学知识。

## “女儿忽然会说英语了”——**认知内化的三阶段**

“5 岁多的女儿来英国时基本上不会说英语，英语听力也非常有限。上学的第 1 个月，每次回家被问起今天在学校都干什么啦，除了每天的午餐，女儿说出的信息非常有限，偶尔问妈妈一句同学讲的某个词汇是什么意思。我知道，她应该在观察别人的讲话和交流。”

“1 个半月后，女儿自己玩积木游戏时，开始蹦出一个个英语单词，中间还夹杂着短句子。她的语言学习从观察阶段跨入了练习、模仿阶段。3 个月后，女儿开始自信地同小朋友交流，会主动邀请小朋友一起玩耍，知道班上小朋友的名字，开始讲在学校里和小朋友的互动。她的英语学习也步入了第三阶段——独立应用头脑中的英语语言。”

苏联著名的心理学家维果斯基指出，儿童认知能力的发展是由外部向内发生，也就是说儿童思维的发展起源于个体同外界环境的互动。维果斯基认为，儿童认知能力和思维的发展是通过内化的过程逐步实现的。

所谓内化，是指个体从周围的社会环境中吸收所观察到的知识，并把这种知识转变为头脑中的语言、图像等符号表征，然后用来独立思考和解决问题。要实现这一内化过程，通常要经历以下三个步骤：观察、练习和独立应用。在现实生活中，我们随时可以观察到儿童的此类学习过程。

语言的学习便是如此。在一个新环境中，儿童先是在一旁观察别人交流，然后逐渐开始自言自语式的练习阶段，再下一步则是独立表达。这三个阶段都完成后，儿童便实现了对周围语言内化的完整过程。

PART 2

# 别错过孩子的敏感期

## ——儿童发展的关键期

关键期这一概念最初来自生物学领域，著名儿童教育家蒙台梭利把这一概念引入儿童教育领域。蒙台梭利认为，人类个体的发展存在着敏感期，在发展的某个阶段会表现出某种特殊的敏感性，这种敏感性是一种暂时的倾向，是指获得某种特殊品质或能力的特点。

## 对光线敏感的蝴蝶幼虫——**敏感期的特点**

一种叫 Porthesia 的蝴蝶幼虫生长速度很快，通常表现出旺盛的食欲。但是，在幼虫诞生的最初几天，它们不能吞食大叶子，只能进食树枝尖端的嫩芽。有趣的是，雌蝴蝶本能地会把卵产在树枝和树干交接的地方，这个地方既安全又隐蔽。幼虫刚出生时，对光线非常敏感，在光的指引下，它们会顺着光爬到树枝最明亮的顶端去吃那些刚刚长出的嫩叶。当幼虫长大到能够吃树叶后，它们对光线的敏感性也随之消失。

与此类似，蒙台梭利认为，人类个体的发展也有敏感期。如果父母能够有效地利用孩子能力发展的各个敏感期，及时培养孩子各方面的能力，那么，教育就会事半功倍。总体而言，敏感期具有以下几个特点：

（1）敏感期只在一定阶段存在，一旦错过就不会再来。

（2）如果成人能够提供适当的环境来满足处于敏感期中孩子，那么这种敏感性的存在时间有可能会有所延长。

（3）在敏感期学习某种技能对孩子而言会事半功倍，反之，让不在敏感期的孩子学习某项技能则会事倍功半，甚至出现揠苗助长的情况。

（4）各种敏感期的时间点不同，有些会互相重叠。

（5）处于敏感期的孩子会不断重复某种动作，直至最后掌握该技能。

发展心理学家也非常重视关键期这一概念。大量关于关键期的文献指出，6 岁之前是儿童大脑发育、语言能力、安全感、社会交往能力等发展的关键期。尤为重要的是，近期的心理学文献进一步指出，6 岁之前儿童成长环境中的挑战和不稳定性，可以很好地预测他们成年之后在婚恋、养育、冒险等方面的决策行为。

## “我要和妈妈结婚”——**简单的性别教育**

自从同小伙伴然然玩过几次结婚、生孩子的游戏后，4 岁半的妞妞会时不时地冒出“要结婚”的话来。穿上漂亮衣服时，扬言“我要和妈妈结婚”。惹妈妈生气时，也会说一句“你生气，我就不和你结婚了”。同之前类似，持续几个月后，妞妞对“结婚”的兴趣也很快消退，再也不提“结婚”的游戏了。

上述案例表明，除了“性”，3~6 岁的孩子也会对“结婚”“生孩子”之类的话题产生短暂兴趣。如何对这一阶段的孩子进行早期性别教育呢？对多数父母而言，一种简易可行的性教育途径便是教会孩子准确地说出性器官的名称。这不仅能让儿童更了解自己的身体，也能提高儿童的自我保护意识（如隐私部位是不可以被人随意触碰的）。

如何表达才能让孩子听得懂且不觉得奇怪呢？一个具体有效的方法是在帮孩子洗澡时，从头到脚依次告诉孩子，这是耳朵、这是肩膀……这是阴部（或阴茎），这里不能让别人碰哦……这是膝盖……洗澡是一个身体完全裸露的过程，从正常普通的身体部位说起，再说到性器官。这些名字就与其他器官没有区别，由此让孩子自然习得性器官的科学名称，也知道了隐私部位不能被随意触碰。

此外，面对孩子表现出的对“性”相关问题的兴趣，父母最好的做法就是持一颗平常心，可以采用形象的方式给孩子简单解释，也可以采用儿童性启蒙绘本对孩子进行相应教育。

## 笨拙的尝试——**独立性培养敏感期**

一个两三岁的孩子专心致志地坐在地上，把几块积木搭起来，再推翻，再搭起来，再推翻……把瓶子的盖子取下来，又盖上去……一次次用汤勺笨拙地盛起食物，洒得满桌都是……他沉迷于这种在成人眼中十分枯燥、无意义的重复活动中，仿佛在进行一项重要、有意义的神圣工作。这个年龄段的孩子会执拗地要求自己拿玩具、自己吃饭、自己穿衣服，尽管他们的动作十分地笨拙、不协调。

当孩子迈出第一步之后，他们就开始为自己的目的而行动。父母常常发现，这时的孩子开始变得任性、不听话，在成人眼里，他们的行为以及使用物体的方式常常让人觉得不可理解。为何这个年龄段的孩子会出现这种情况呢？

心理学家指出，在儿童身上具有一种工作的本能，在这种本能的驱动下，儿童会主动地去做一些在他们眼里非常“重要、有意义”的事情。尤其在 6 岁之前，这是儿童工作本能发展的敏感期。通过这些练习，儿童动作的灵活性及协调性能很好地发展起来。因此，这些在成人眼里似乎“不可理喻”的工作，却是孩子内心非常渴望去做的，对孩子心理的发展也极为重要。可是，儿童在进行这些基本的活动时，却常常受到成人的阻挠。因为这些活动经常会把周围环境搞得一团糟，于是成人企图去支配儿童的行为，双方之间的冲突也常常由此而生。

如何解决成人与儿童之间的这种冲突呢？很重要的一点，就是为儿童准备一个适宜的环境，让他在里面可以自由、安全地活动。为了孩子的健康成长，当他们说出“我要……”时，成人不要说“你不能……”，而应记住，如同成人一样，孩子也有自己的“工作”，我们也应对他们的工作给予尊重与让步。

## 幼儿园里的尴尬事儿——**认识“性器期”**

“我女儿今年4岁半，上幼儿园中班。最近老师找我谈话，说有个男孩的家长跑到幼儿园告状，说我闺女耍流氓，老是用手抓男孩的‘小鸡鸡’。男孩家长特别生气，说我女儿小小年龄就不学好……”

“我家孩子现在突然对‘性’特别感兴趣，总是问我各种这方面的问题，我都不知道该怎么应对了……最近，她的行为还升级了，每天从幼儿园回家就让我在她裙子上做个‘小鸡鸡’，不好好吃饭时，只要我说一句，‘把这饭吃了，就能长出小鸡鸡’，她立马就大口吃起来……”

著名心理学家弗洛伊德指出，3~6岁的儿童正处于“性器期”（the phallic stage），这个年龄段的孩子开始对自己的性器官产生兴趣，性器官成为全身最敏感的部位，儿童常从抚摸性器官中获得快感。幼儿在这一时期已经能够辨识性别，女孩会对男孩的生殖器产生忌妒，希望自己也能拥有，即所谓的“阴茎崇拜”，但同时她们也会以为自己之所以与男孩不同，是因为遭到了“阉割”，即“阉割情结”。同样，这一年龄段的男孩也会表现出“阉割情结”，担心自己会因为做错事而受到相应处罚。

此外，这一年龄段的孩子，通常会以父母中的异性作为“性爱”对象。男孩以父亲为竞争对手而喜爱母亲，即所谓的“恋母情结”，同理，女孩以母亲为竞争对手而爱恋父亲，即“恋父情结”。在正常情况下，恋母情结或恋父情结会通过儿童对同性父母的认同，模仿他们的行为、态度和特质进而发展出相应的性别角色而获得解决。

因此，幼儿园阶段是个体性心理发展的敏感期，此时的孩子对“性”感兴趣是个体发展过程中的阶段性表现，父母应该以一种平常心坦然面对。6 岁之后，孩子对“性”的兴趣便会减弱，开始进入所谓的性的“潜伏期”。

## “我的孩子不好好睡觉”——**规则意识培养敏感期**

10 岁的小羽上四年级，他 8 岁的表弟小木上二年级。两人一起到外婆家过春节。每天晚上一到 9 点，不用妈妈催促，小羽就开始准备上床睡觉，早上不用大人喊，7 点钟准时起床。而小木呢，晚上快 10 点了还又蹦又跳，毫无睡意，外婆提醒了好多遍，还是不愿意去睡觉，每天早上睡到 8 点多才不情愿地起床。

小羽和小木的作息时间为何如此不同？其中的关键因素便是成人在敏感期是否对孩子的作息时间进行了有效训练。在生活中，有许多家长发现，他们的小宝宝才几个月，就成了“夜猫子”，一到晚上，特别是上床之后，又笑又跳，异常兴奋。对于那些白天还要上班的父母来说，如何让孩子早睡成了令他们头疼的问题。

对于孩子而言，在他们体内仿佛有一个定好时间的钟，到了某一阶段，他们就会对发展某种能力、习惯特别敏感，一旦过了这个阶段，再想培养孩子这方面的能力，则要事倍功半。

而2岁以前的幼儿正处于秩序的敏感期，这个年龄段的孩子对事物之间的顺序、关系特别敏感。因此，要培养孩子养成有序的生活习惯，应从2岁以前抓起。

### Tips：培养孩子规律作息的方法

方法一：到了睡觉时间，先把房间里的灯关掉，营造出一种睡觉的氛围。然后，对孩子说（不管他是否能听懂）“该睡觉了”之后便躺下来。在黑暗中，孩子可能还会兴奋一阵，但持续时间不会太长。他就会觉得不好玩，亢奋状态慢慢减弱，也就逐渐入睡。这样做几次后，孩子就会形成一种条件反射，一关灯，他就知道该睡觉了。

方法二：有的孩子一关灯，就会又哭又闹。对于这种孩子，最好的办法就是开着灯，妈妈闭着眼睛装睡，让孩子自己在一边玩。等他玩倦了之后，就会逐渐入睡。这样几次之后，他也逐渐会形成条件反射，妈妈一闭眼睛，他就知道该睡觉了。

## 不会挑鱼刺的16岁男孩——**自主性萌芽敏感期**

小诚成长于典型的“4+2+1”家庭，从小便在长辈的层层呵护下长大，过着衣来伸手、饭来张口的生活。如今小诚已经16岁了，吃西瓜不会吐籽、吃鱼不会挑刺，因为从小到大，他的食物都是大人精心准备好的。小时候，小诚也想自己动手吃饭，但大人怕危险、怕他弄脏衣服桌子，他每次的反抗都以失败告终。如今读高中的小诚，已经丧失了对很多事情的主动性和进取心，各种琐事全部依赖妈妈安排，比如，洗头要靠妈妈、写作业前需要请示妈妈顺序和时间……

心理学家埃里克森把人一生的发展划分为8个阶段，认为在3~6岁阶段，个体的主要任务便是建立自主性，从而发展自信心和进取心。幼儿园阶段的儿童开始发展自己的想象力，知觉动作能力也得到较快发展。这个阶段的孩子对周围世界充满了好奇，经常问“为什么”，主动探索的欲望很强，善于提出各种想法和建议，处于自主意识发展的敏感期。

如果这时成人能耐心细致地回答孩子的问题，适当鼓励孩子的活动和建议，可以促进他们判断能力的发展，帮助他们形成大胆主动的进取精神，发展出“一种正视和追求有价值目标的勇气”。反之，如果成人急躁、粗暴，不耐心对待孩子提出的有价值的问题或设想，甚至过分限制、讥笑，孩子就会缺乏主动性和进取心，形成胆怯、懊悔、内疚等人格特征。

当然，个体进取精神的形成还会受到很多因素的影响，但在3~6岁阶段，家长对孩子探索行为的鼓励和认同无疑是其中非常重要的一环。

在小诚的案例中，家人过分的溺爱和保护导致他丧失了自主意识发展的空间，无法按照自己的意愿自由地去做事情。在此类家庭中，适当地放手就是对孩子最好的爱。

## “我不会撒娇”——**性别角色认同错位**

“我是一个‘90后’的独生女，是偏‘中性化’的女生。在我的印象中，爸爸妈妈并不因为我是女孩子就规定我写字秀丽，说话柔声细气，也不赞同‘因为是女孩子，所以物理、数学、化学学不好可以被原谅’。”

“父母从小就给了我足够的自由，让我自己选择该怎么做。买玩具时，父母不会自作主张地买洋娃娃或者扮家家的小杯子给我，而是带我自己挑选。当然有时候他们也会帮我买玩具，但大都是比较中性的玩具，比如积木、拼板，而且，这些东西基本上也是适合一个人玩的。在学习方面，父母总是一句话，‘这是你自己的事情，你要对自己负责’。如今，我习惯于自己做决定，尽管有时候会显得性子太刚强，比较‘傲’，不会‘示弱’，不是很女性化。”

本案例由邓悦现提供

许多学者也关注到独生子女群体中的“女强男弱”现象。这些现象和话题的背后实质上就是个体对自己性别角色认同的错位。心理学家指出，个体的性别角色定位同家庭环境有着密切关系，3~6岁是儿童性别角色形成的关键期，童年时期的父母养育模式在一定程度上塑造了个体不同程度的性别意识。

在独生子女一代中，由于家庭中父母期望的不同，孩子成年后的性别意识也表现出更多的中性化特点，案例中的女孩就是一个典型的例子。在只有一个孩子的家庭中，为了让孩子（尤其是女孩子）更好地适应社会，父母的教养模式呈现出了较为明显的中性化倾向，其背后的用意是对孩子强势性格的鼓励和培养。

由此，在独生女的家庭中，父母往往更为注重培养孩子的独立性和强势性格。但在独生子的家庭中，一方面同所有独生子女家庭相似，父母会不由自主地对唯一的孩子过分宠爱和保护，另一方面从幼儿园到小学，女教师过多的环境也不利于男孩阳刚之气的培养，由此导致部分男孩表现出过多的女性化特点。

## 脱口而出的英语——**语言关键期**

“女儿3岁时跟我在美国生活了一年，白天基本被放在日托中心，晚上再接回家。在美国的一年里，她学会了讲英语，可以流利地同小伙伴交流。回国后因为没有英语的环境，她几乎忘记了英语该怎么讲。但在她5岁时，我们出国旅游，碰到了一些美国小朋友，她竟然很容易就同他们交流起来，几乎没有障碍。我当时非常惊奇，感觉孩子对语言的掌握会形成自主反应，他们讲英语就是‘脱口而出’，而我们成年人，学了一二十年外语，还基本停留在依靠大脑造句子的阶段。我认为学语言确实有个关键期，应该是六七岁之前吧。在国外时也碰到过一些八九岁的中国孩子在美国生活了快一年，但讲英语的感觉同五六岁就到美国的孩子不同，发音通常不够地道……孩子接触外语应该是越早越好吧。”

上面是一位在美国生活过的妈妈的感受。事实上，关于语言发展的关键期问题，学术领域曾经进行了大量探讨，目前多数学者认为人类的语言发展有关键期，语言关键期通常在 6 岁以前。

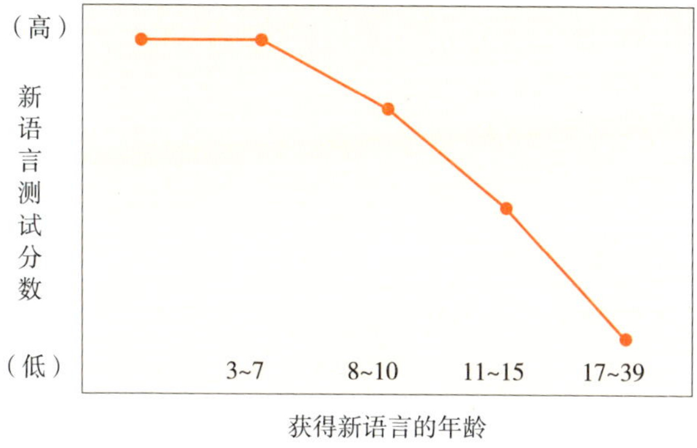


**语言学习呈现的关键期**

上图描述了个体移民到美国的年龄同其之后语言测试分数之间的关系，从图中可以看出，那些 7 岁之前移民美国的儿童，其英语水平同母语为英语的孩子基本没有区别，但随着接触英语时的年龄的递增，个体英语测试的分数则递减。因此，让儿童 6 岁之前接触某种语言确实会为其之后的语言学习打下重要的基础。

## 随心所欲的小新——**普遍性发育迟滞**

小新上幼儿园中班。爸爸是大学教师，妈妈是外资银行高管。父母学历高，为人热情。家里还有外公、外婆一起生活。爸爸妈妈对她的照顾很精心。

在学习方面，小新没有规则意识，情绪变化无常。在学习的时候，她不能安静地坐在自己的位置上，会随意走动，自言自语，有时候大哭，有时候大笑。别人和她交流时，她好像听不懂，不主动和他人说话，有攻击性行为，老师和她说理时，也会攻击老师。

在户外活动时，小新不能按照老师的要求和指令进行游戏和运动。比如在玩球的时候，球滚走了，老师提醒她把球捡回来，她追着球就跑了，不但忘记捡球，跑到别的班级后，还不能找回自己的班级。

在自由活动时，小新喜欢一个人玩，如果喜欢别人的玩具，就会动手去抢，不会与小朋友交流。她经常会无意识地做危险动作，会爬到高处腾空往下踩，意识完全游离，不会自我保护。

在生活方面，她不会管理和控制自己的行为，喝水的时候，如果老师不提醒，就会倒很多水喝，有小便时也不说，觉得难受了会把尿湿的裤子脱了，但不会报告老师。午餐时找不到自己的小椅子，看到空的椅子就会随便坐。

本案例由郭锦老师提供

儿童的智力发展状况可以分为迟滞、正常和超常三类，迟滞的发展状况最受父母关注。由于孕前、孕期或出生等各个阶段的不明因素作用，有些孩子在智力的发展上会落后于其他孩子。在生活中最为常见的情况为轻度智力发育迟滞（智商测试分数处于 50~70，在同龄人群中此类孩子约占 2%）和边缘智力发育迟滞（智商测试分数处于 70~85，在同龄人群中约占 8%）。这些孩子在学校生活中会出现更多的生活不能自理和同伴交往困难情况。

对于那些轻度智力发育迟滞的孩子，通常是入园之后被老师最先察觉，因为在同龄群体的对比中老师更容易发现孩子的发展是否正常。因此，当老师怀疑孩子的智力发育异常时，家长一定要重视，寻找专业的机构进行咨询矫治，并积极配合老师为孩子提供必要的日常照顾和关注，必要情况下家长需要到幼儿园亲自陪护，协助老师指导孩子适应正常的学校生活。如果能够得到足够的支持和关注，这些孩子在后期也会逐渐适应幼儿园生活，并可以掌握基本的生活技能以及和同伴交往的技能。

对6岁以下幼儿智力进行鉴别常用的量表有《韦克斯勒智力量表》和《斯坦福—比纳智力量表》，通常而言，儿童智力测试需要分几次测试。当几次测试得分均低于85分时，或在日常生活中，孩子在行为动作、语言交流、人际交往、注意力等方面表现出较为明显的发育迟滞时，家长应加以重视。

上述案例中的小新语言交流能力低下，无法与老师及同伴正常沟通，难以控制个人情绪，社会交往能力明显弱于同龄人，且生活自理能力过低，属于智力发展迟滞。虽然有些儿童在不良的家庭教养环境下也可能表现出上述症状，但多症状的普遍存在则表明小新在智力发育上很有可能处于迟滞状态。小新父母应该带小新到正规机构进行智力检测，及时进行早期行为矫正，多与老师沟通，了解小新在幼儿园的适应情况，必要时可以亲自到幼儿园观察、陪护。

## 分辨不清老师的小洁——**语言能力迟滞**

5 岁女孩小洁的父母均在高校任职，虽然学历比较高，但年龄也比别的父母大，父亲不善于与老师沟通，母亲对于孩子的情况掌握得很具体，但她脾气比较急，有时会当着老师的面训斥孩子。

小洁从刚入园开始，分离焦虑的时间就比其他孩子要长，当班级其他孩子都适应了幼儿园生活时，小洁还在哭闹。第一个月基本是在拉扯着老师的手和衣服中哭闹着度过的。

一个学期结束后，小洁还经常会叫错三个老师的称呼，很少用语言交流，并且只会用只言片语交流。户外活动时，她总是紧紧拉着老师的手。当老师引导她、带领她玩的时候，她经常摇晃着身体直说："不要，不要！"

小洁也不能独立喝水，需要老师帮她拿杯子，扶着她的手喝，经常 1/3 杯的水 5 分钟也喝不完。中班时，小洁能自己拿杯子喝水了，但经常会拿错杯子。

点名的时候，经常要叫她三四次才会反应“到”。上课开始5分钟就坐不住了，有时站起来随意走动，有时自顾自地拍手。

自主游戏中，喜欢在教室门口反复地开门关门，或者在教室门口徘徊、自言自语。基本不与同伴进行语言交流，老师交代的简单任务，要说三遍才能理解完成。在大动作运动中显得很胆小，平衡、跑跳能力等较同龄幼儿弱，小肌肉发展也与同龄幼儿有较大差异，比如使用剪刀等。进入大班后，小洁能向老师问好，但不主动与人交流。上课时自顾自地说话、拍手，或者站到座位后的柜子上玩玩具，不听从老师的指令。

本案例由王宝芳老师提供

如何在生活中判断孩子的智力发展是否正常？在对儿童智力状况的评估中，语言能力是核心的判断指标。智力发育迟缓通常表现为个体语言能力相较于同龄人明显低下。小洁的问题突出表现为语言能力低下，语言表达和语言理解能力明显低于同龄人。语言能力是个体智力发展的核心标志，语言能力低下是儿童智力发育迟滞的重要特征，直接导致人际交往和适应困难。此外，小洁的肌肉运动能力也发育滞后。

综合分析小洁的情况可以看出，她属于智力发育迟滞。对于此类儿童，应该遵循早发现、早矫治的原则，矫治越早，儿童智力提升的空间越大。

PART 3

# 每个孩子都需要爱的抱抱吗

## ——亲子依恋类型

心理学家通过“陌生情境”实验的方式，依据重聚时儿童的行为表现，把婴幼儿和照料者之间的关系划分为4种不同的依恋类型：安全型、回避型、矛盾型和混乱型，后三种被称为非安全依恋。

## 妈妈什么也没说就走了——**认识依恋类型**

在生活中，经常可以见到这样的场景：妈妈带着孩子到了一个好玩的地方，周围有很多新鲜的玩具，孩子兴致勃勃地玩了起来。恰恰这时，妈妈接到一个重要的电话，不得不离开几分钟，她只好求助于场地管理员临时帮忙照看孩子。妈妈没对孩子加以解释就走了，等办完事情后才回来。妈妈走开和返回（尤其是后者）时的场景非常重要，可以根据孩子此时的表现判断他属于哪种依恋类型。

★安全型依恋

孩子相信照料者是爱他们的，会对他们的需要做出反应，在重聚时表现出欢迎并亲近照料者；当感到不安或哭泣时，他们会通过与照料者身体接触，如抱着照料者来寻求安慰；在照料者离开时，他们会伤心哭泣，但很快就会接纳陌生照料者。

★回避型依恋

孩子在与照料者分离时很少哭泣，很少有情绪上的反应；

在与照料者重聚的时候，他们不会表现出积极地欢迎或亲近照料者，甚至当照料者靠近时，会出现躲避反应；照料者试图抱他们时，他们不会去拥抱照料者；对待陌生人的方式和照料者相近。

★矛盾型依恋

这类孩子在与照料者分离时很可能哭泣。当照料者回来的时候，他们经常一边哭泣一边看照料者。在被照料者抱起来的时候，他们又很不情愿，不容易被安抚。当照料者给他们玩具时，他们经常拍打玩具或打照料者，继续哭闹。当照料者把他们放下时，他们又接着哭泣，寻求照料者的安慰。

★混乱型依恋

幼儿在与照料者重聚时，会表现出困惑和矛盾的行为。当照料者抱着他们或者靠近他们时，他们会把头转向另一边，情绪漠然、抑郁。在交流时，他们总是没有方向性，脸部呆滞，冷静下来之后会突然哭泣，做出一些奇怪的表情和举止。

为什么孩子会形成不同的依恋类型呢？照料者对孩子各种需要的敏感性，以及他们调控自身情感的能力，在很大程度上决定了儿童的依恋类型。不同依恋类型的孩子的神经类型也不相同。

心理学家玛丽·安斯沃斯对照婴儿在陌生情境中的依恋表现，对家庭观察中的数据进行分析发现，在刚出生的3个月内，安全型婴儿的母亲对孩子的反应最为敏感；回避型婴儿的母亲表现出更多的拒绝行为，尤其是同婴儿身体上的亲密接触；矛盾型婴儿的母亲对婴儿依恋行为的反应不一致，有时候她们对婴儿的反应敏感，但在很多情况下对婴儿表现出忽视和拒绝。在婴儿快1岁时，安全型婴儿同母亲的关系最为和谐，其他类型儿童的母婴关系会出现更多问题。

在北美的大样本评估中，安全型依恋儿童在同龄群体总数占的比例大约是65%。那么，如何培养出安全型依恋的儿童呢？最为关键的便是在儿童2岁之内，母亲（或其他主要照料者）为孩子提供大量的高质量的陪伴。首先要尽可能多地陪伴婴儿，其次要在陪伴期间关注婴儿的各种需求并及时做出积极回应。

## 妈妈就是安全基地——**依恋与独立性**

心理学家安斯沃斯曾经这样描述安全基地同依恋行为之间的关系：

"这种被称为'把母亲当作安全基地'的行为模式进一步强调了这样一个事实：婴儿在拥有亲密依恋关系的同时，他们的能力和独立性也在不断增长。非安全型依恋的儿童会黏着母亲，不愿意离开母亲。安全型的婴儿在紧紧依附母亲的同时，也愿意离开母亲。他们以这种方式来表现自己的依恋行为：他们追随着母亲的踪迹，会不时地返回母亲身边，通过不时地回头看母亲一眼，或向母亲展示自己的东西，来向母亲表达自己愿意同她分享探索周围世界的快乐。"

安全型依恋的形成有赖于幼年时期照料者对孩子的"有求必应"。由此自然会引发人们的担心：过多的关注是否会导致孩子过高的依赖性？答案是否定的。依恋通常不会干扰孩子能力和自我依赖感的发展，反而会促进这些能力的发展。在孩子刚进入幼儿园阶段，那些不容易适应、表现出更高分离焦虑、出现问题较多的孩子，通常在 3 岁之前与照料者的关系属于非安全型依恋。

对猴子的观察研究也有类似发现，“幼猴面对分离所表现出的悲伤程度与母婴关系的某些特征之间有着显著关联。那些在分离的第一个月表现最为悲伤的幼猴，通常是那些被母猴拒绝次数最多、在众多幼猴中最不受宠的”。

因此，当孩子表现出强烈的分离焦虑，比如不愿意独自上幼儿园时，家长不要误以为是由于过分宠爱导致了孩子的过度黏人，真正的原因往往是由于婴儿时期的照料不周导致了孩子安全感的匮乏。

## “我的父母经常秀恩爱”——**安全型依恋**

“我父母的关系挺好的，经常在我面前秀恩爱，节日和生日前会为对方准备惊喜。虽然有时候他们可能会因为一些问题争吵，但他们每次吵架以后不会冷战或僵持，很快会和好如初。所以我家氛围很好，因为父母挺为我着想，不会在我们面前吵架。”

“在教育上，父母对我还是非常民主的。我爸爸很随和，很少发脾气，对我的成绩不强求，他始终认为应该先做人、后学习，会让我去做自己喜欢的事。我父母觉得小时候给孩子多一点的自由会比较好。”

“小时候，妈妈每天晚上都会抽出一点时间陪伴我，她会问我今天有什么事儿发生，然后和我聊一会儿。我有很多问题都会跟我妈分享。我从小吃饭不好，比较挑食，但是直到现在，每次回家我都会发现桌上的菜特别合我的胃口。有的时候我突然就想吃一个菜，但还没有跟我妈说，她就会在我想要的时候把它端上来。”

“从小到大，我对周围人的信任度都挺高，人际关系也不错。比如我跟一个不认识的人聊了一下午，可能他说的不都是真的，但我还是会去相信他。因为我还是相信这个世界上好人多。在婚姻方面，我也非常乐观，相信能够找到情投意合的人共度一生。”

本案例由曹宇琪提供

为什么儿童的依恋行为这么重要？最根本的原因是，在人的一生中，童年阶段形成的依恋类型会相对稳定，对儿童以后的社交行为，尤其是亲密关系会产生重要影响。人们常说的“三岁看老”，也是类似的道理。安全型依恋的个体在成年之后对自我和他人都有着积极的评价和接纳度，有很高的安全感，很少担忧会遭到抛弃，喜欢社交，会积极寻求与他人之间的亲密关系。

从 19 岁大学生小西的自述中可以清晰地看出幸福温馨的童年家庭环境在安全型依恋形成中的重要作用，而安全型依恋又成为成年个体营造自己幸福人生的基础。小西对周围环境信任感高、自信水平高，童年的家庭环境为她提供了安全型依恋的土壤，成年后的她也可以用一种积极温暖的心态对待自己的人生。

## “我担心自己会搞砸事情”——**回避型依恋**

“小时候，我爸妈的关系不好。我爸是公务员，可以住在单位里。他经常不回家，因为他们见面时常会吵架，所以家里四个人不能同时出现，否则气氛就是沉默而压抑的，这个时候我跟我弟弟说话，都会变成悄悄话。我们小的时候，他们尽量不当着我们的面吵，比如等我和弟弟睡着了再吵，实际上很多时候我并没有睡着。在我懂事之后，他们反而不顾忌了。我童年最为深刻的记忆便是他们争吵的场景。”

“在家庭关系上，父母和子女的界限比较明显。父母给我买东西很少，舅舅、舅妈和姥姥会经常给我买衣服、鞋子。有时我会跟妈妈说自己的需求，但是她考虑的事情比较多，比如这件衣服我以后会不会经常穿，所以最后总是拒绝我。我的妈妈属于‘暴君’，她希望我们按照她的想法去做。比如，她不让我周末出去玩，还要控制我和男孩子的交往。她觉得我独自过马路都是不安全的，认为我不能管好自己的生活。”

“我希望得到他人的理解，也有找他人倾诉的冲动，但是我发现这很难，所以碰到问题通常自我消化。直到现在我还没有正式谈过恋爱。在暗恋的时候，我会觉得对方是我倾慕的对象，我没有办法把自己和对方放在一个平等位置，认为这样的关系是不会持久的，所以就一直不谈恋爱。我不会主动追男孩子，如果是我主动，我觉得自己受伤的概率会比较高。就目前而言，我属于‘不婚主义者’，在我看来，人不一定要结婚，也不一定非要生孩子。当然，我内心其实也需要一个人陪伴，但又担心自己会搞砸这件事情……”

回避型依恋的儿童表现为对父母感情的淡漠和回避。成年之后，他们会由于担心遭到抛弃而避免与他人建立亲密关系，尽管想让别人喜欢自己，但又会担心自己陷入依赖他人的危险之中，对亲密关系往往做出最坏的预期。这类个体对自己与他人都有着消极的评价，认为他人都是不可靠的，同时对自我的接纳程度也较低，对自我的评价趋于负面。

案例中的主人公婉婉是一名 22 岁的大四女生。她在恋爱方面的两种心理特点很突出：一是自我否定，“没有办法把自己和对方放到一个平等的位置”，另外是对他人、对亲密关系缺乏信心，“我觉得这样的关系是不会持久的……我觉得自己受伤的概率会比较高……”她有着回避型依恋典型的内心和行为表现，“所以碰到问题通常自我消化。我觉得其实人内心最深处都是孤独的”，以至于自认为属于“不婚主义者”。婉婉回避型依恋模式的形成，一是源自童年时期父母之间关系的紧张和冲突，二是由于母亲过多控制的教养方式。

父母之间的冲突以及母亲的过多控制（比如限制她同男生交往、不让单独过马路）都会在婉婉的心底留下明显暗示：这个世界不安全，亲密关系不可靠，自己能力不行。

对于婉婉这种回避型依恋的女孩子，很关键的一点便是让自己走出家庭后再重新审视原生家庭。从理性上让自己明白：自己在婚姻恋爱中的很多想法是不客观的，是由于原生家庭的影响形成的；父母是父母，自己是自己；营造幸福生活要靠自己的努力。只有走出家庭，才能逐渐战胜自己。

## “我不是因为冲动分手”——**焦虑型依恋**

我是典型的留守儿童，3 岁以前由妈妈单独照顾，爸爸在外打工，4~5 岁由姨妈抚养，6~17 岁由姑姑、姑父抚养（5~13 岁住在姑姑家，14~17 岁住在寄宿高中），父母每逢过年才回家。可以说在我的成长过程中，父母是缺席的。

小时候的环境留给我很多不愉快的回忆。生活环境的不断变化让我感到讨厌和恐惧。记得刚去大姑家的时候，我觉得她好像很凶，所以很忐忑，也没有归属感。每次姑父、姑姑带我出去吃酒席，都有人问那个小孩是哪家的。这让我产生一种羞耻感，觉得自己不属于这里。后来，一旦环境出现变动，我就容易产生焦虑。

我的第一段正式恋爱开始于高考前，两人高考成绩悬殊，高考后的假期里，他没有主动来找我，于是我提出了分手。其实，我并不知道他不来找我的原因，只是单纯地认为放假了，两个人都有时间的时候，他都不来找我，更何况以后异地的时候呢。大一的第二段恋爱也只持续了1个多月，就以“没有安全感”告终。我对男友说自己家条件太差了，他说他不介意，但父母可能会有点介意。他说这句话的时候，我就没有安全感。分手的时候，表面上来看是我一时冲动，其实我觉得是我内心没有安全感，注定走不长。

本案例由曹宇琪提供

焦虑型依恋的个体缺乏安全感，他们喜欢他人，对他人有积极的评价，对自我的接纳和认同度却较低。通常过分依赖他人对自己的认可和接纳，贪婪地寻求他人的认同和接受，在与他人的亲密关系中，往往有较多的顾虑。在恋爱关系中，把爱情看得很重要，会付出很多，也会过度依赖对方，时时刻刻需要对方的关注。

案例中的小珍今年23岁，在外企工作。根据依恋理论，童年早期的经历塑造了个体对外界、对自我的不同认知模式，奠定了个体安全感的基石，从小珍的经历可以看出童年环境的多变是怎样破坏了她的安全感，从而导致其形成焦虑型的依恋模式。

近年来心理学研究也指出，童年时期不稳定的生活环境会导致个体成年之后难以维持长久稳定的亲密关系。因此，对父母而言，给孩子一个稳定有爱的童年生活环境，是比为他们提供富足的物质资源更为重要的任务。

## 孩子哭了到底抱不抱？——**哭声免疫法之憾**

“在育儿这件事上，我们犯过两个重大的错误。那就是出生时执行了哭声免疫法和分房睡。女儿出生前，老公从国外带回一本提倡哭声免疫法的书，大意就是小孩哭了不能抱起，要4个小时喂一次奶，要分房睡。我们坚持了1个星期。女儿经常哭到全身发紫，正当我们纠结要不要抱起时，她已经在疲累中睡去。1周后我放弃了哭声免疫法，经常抱着她。”

“女儿一开始睡在我们房间的婴儿床上，2个月后睡在一间单独的房间，那时晚上只要起来喂一次奶。6个月后她开始出现分离焦虑，晚上会醒来很多次。我总觉得这只是黎明前的黑暗，她很快就可以整晚睡了。我每次过去把她放下，过不了多久她又哭醒了。爷爷奶奶轮流过去抱她，一陪就是大半夜。女儿没有哭，但也不肯睡。那时我很累，有时只要她没哭，我就懒得管了。直到她10个月大，丝毫没有转好的迹象，不得已把她的婴儿床搬回我的房间。

有天晚上她醒后，我把她哄睡放下，她很快又哭醒。我太累了，不得已把她放在自己身边，结果她睡了整晚。从此就一直跟我睡了。现在长大了，她要是醒来发现我不在，就会哭得歇斯底里。反复说，“我要你一直陪着我，别去做早饭，好不好……”她的哭声很凄厉，可以哭 1 小时以上。她发脾气大哭时，好像她的 fight or flight 机制被启动了一样，一定要等她哭过那一段，声音变小了才能安慰。我想，她也许不记得婴儿时期的事了，但她一定记得那种无助、愤怒的感觉。

本案例由清清妈妈提供

许多新手妈妈会听到这样的建议：千万不要宠坏了孩子，要坚持“哭了不抱，不哭才抱”。此即为哭声免疫法，目前仍有一些育儿书籍上推荐用此法来对儿童进行行为训练。客观地讲，运用这种方法的确可以在短期内训练出一个很少哭闹、让妈妈省力的乖宝宝。但令妈妈们困惑的是，也有很多育儿专家提倡要亲密育儿、按需喂养，做个体察入微的敏感妈妈。那么，到底哪一种观点正确？当婴儿哭闹时，是马上抱起抚慰还是任其哭闹，等他安静下来再抱呢？

首先，要分清这两种观点的来源。哭声免疫法源自心理学的行为主义流派，在 20 世纪中前期曾经风靡一时。亲密育儿的观点来源于以“依恋理论”为代表的包括诸多精神分析学派代表人物在内的童年主导论。

其次，要分辨两种观点的后果。提倡哭声免疫法的极端行为主义代表人物华生有个观点，“给我一打身体健康的婴儿以及适合我培养的特殊环境，我可以保证按照我的方法把他们训练成任何我希望的样子，医生、律师、艺术家、商界领袖或者乞丐、小偷”。华生也依此法来训练自己的三个孩子，结果惨败。在华生的高压、缺乏情感的教育下，他的两个儿子带着心理创伤长大，患上了严重的抑郁症，其中一个儿子在 30 岁时自杀身亡。

亲密育儿的观点在 21 世纪得到了越来越多的脑科学、神经科学以及表观遗传学的证据支持，也是当今心理学界关于如何科学育儿的主流观点和基本共识。因此，当婴儿哭闹时，父母应该做的，便是抱起孩子，给予亲密的呵护和安慰。

## “妈妈，别走”——**母爱剥夺的创伤**

每当过完春节，很多小山村便会上演“生离死别”的场景，看了让人心酸。几名年轻的爸爸妈妈扛着大包小包准备外出打工，他们的孩子一路狂奔着追逐到村口，撕心裂肺地哭喊着“妈妈，别走”。

据孩子的父亲介绍，春节前自己外出打工回到农村，过完春节之后为了挣钱，只能将孩子留给他们的爷爷奶奶照料。在出发当天，从家里到村口，孩子们一共追逐了200多米才停下来，最后由爷爷奶奶和老师们拦住劝回。

父母的身影渐渐远去，年幼的孩子没有任何办法阻止这场别离。只能等1年之后，他们才能再次见到自己的父母。

在我国进城务工浪潮的背后，是大量被迫同父母分离的年幼儿童群体。伊朗作家 BahareH BisheH 曾在伊拉克的一家孤儿院创作了一系列关于儿童对家庭渴望的作品，其中一幅渴望有个妈妈的图画在网络广为流传，感动了无数人。

虽然是艺术作品，但艺术源于现实。在现实生活中，同生活中的亲密照料者——尤其是母亲的长期分离，会对儿童的身心健康产生不可低估的影响。早在 20 世纪四五十年代，心理学家就发现了这一规律。

第二次世界大战结束之后，大量无家可归的儿童引起了美国社会委员会的关注，为了帮助这些儿童更好地适应战后生活，他们决定针对这些孤儿的需要状况进行调查研究。著名心理学家约翰 . 鲍尔比被任命负责完成此项任务。

为了获得这份报告的背景材料，在 1950 年 6 个月的时间里，鲍尔比走访了美国和一些欧洲国家（瑞士、法国、荷兰、瑞典和英国）从事安置无家可归和障碍儿童的临床专业人士，同他们一起进行观察和探讨。在每一个地方，他都要同当地的临床工作者探讨相关问题，观察当地的临床实践。

在收集大量不同来源的证据的基础上，结合自己的临床实践，鲍尔比于 1951 年春天向世界健康与卫生组织提交并出版了一份引起轰动的著名报告《母爱与心理健康》。自 1955 年至 1986 年，这本著作已经被引用至少 405 次，并翻译成 12 种语言。整本著作主要围绕并论证这样一个观点，“5 岁之前同基本照料者的长期分离将在儿童的人格上留下印记。临床上这类儿童表现为不合群和孤立。他们无法与其他儿童或成人建立亲密关系，因此也没有真正的友谊。事实上，他们有时候表面上看起来合群，但是，当深入了解后会发现在这些关系中没有情感，也不牢靠。我认为这是导致他们难以真正接近的最为重要的原因。父母和老师会抱怨，无论你说什么、做什么，这些孩子都无动于衷。如果你打他，他会哭，但你对他好时他却没有与正常孩子一样的情感反应。对这些失落的灵魂而言，不管对他们好或不好似乎都没有本质的不同。因为他们无法建立真正的情感关系，特定时间内一种关系的好坏对他们来说就不重要了……”

鲍尔比运用大量翔实生动的案例和研究数据，有力地证明了母爱在儿童成长中不可或缺的地位，以及由于母爱剥夺对儿童身心所产生的严重后果。书中指出，“母爱被剥夺的儿童，无论是否生活在自己的家中，都是社会感染的源泉，如同伤寒和白喉的携带者一样，会产生真实且严重的后果。”即使今天读来，这本著作仍然具有很强的说服力。断层的母爱会对年幼儿童的心理发展造成难以弥补的创伤。因此，对于6岁之前的儿童而言，妈妈所能给予的最好的礼物，便是充满爱意的陪伴和关注。

PART 4

# 让孩子对自己负责

## ——好习惯培养

良好的习惯会陪伴人的一生，其重要性不言而喻。按照心理学的观点，个体年龄越小越容易塑造行为模式，也是各种行为建立的黄金时期。当今中国家庭一个非常突出的表现便是对孩子过度呵护，尤其是在隔代参与抚养的家庭中，这方面的问题更为严重。在过分呵护和干涉的环境下，孩子通常没有足够的空间和自由来发展生活自理习惯，由此导致责任感的缺乏。因此，在6岁之前，从各个方面培养孩子的良好习惯是需要父母们足够重视的一项重要任务。

## 包办一切的养育——**行为失序**

小安上幼儿园大班，在班上年龄最小，身体也比较瘦小。小安父母日常工作比较繁忙，平时她都是由外婆或奶奶照顾。

隔代教育难免包办一切，孩子不吃饭就喂，不会上厕所就把，不会穿裤子就帮着提。爸爸妈妈虽然意识到应该培养孩子独立生活能力，然而在和老人的沟通过程中总有些冲突。比如，妈妈对外婆说不要总喂饭，可老人比较溺爱孩子，孩子看电视，老人就在一旁喂饭。爸爸对奶奶说，冬天不要给孩子穿太多，可奶奶怕孩子冻着，给孩子里三层外三层地穿很厚。

因此，小安自理能力和自控力差，且容易发脾气，经常骂人、打人。在生活方面，小安独立性差，不能独立进餐、大小便、洗手、喝水、提裤子、穿鞋等，同时没有收拾、归置玩具的习惯。

本案例由包何燕老师提供

小安的行为表现同家里老人的过分宠爱之间有着密切关系。老师认为，对小安这样一个自尊心强的孩子，如果一味地责骂、孤立只会产生消极影响，应该帮助他建立秩序感和规则意识，并反复耐心强调与提醒，告诉他什么是对的什么是错的，并给出能令他信服的理由，让他慢慢建立秩序感和规则意识，形成好习惯。也可以在同伴中给他树立榜样，鼓励他向别人学习，并鼓励班中的其他孩子来帮助他改正。

经过老师一段时间的引导和帮助，小安会主动跟老师小朋友和老师问好，会说“谢谢”“对不起”等礼貌用语。同时，虽然与本班其他幼儿相比较，小安的自理能力相对较弱，但小安比起自己刚入园的时候，有了显著的进步。现在的他能够自己卷袖子洗手、小便后会自己提裤子、愿意自己动手吃饭，在老师的鼓励下还能够做到不挑食，自己动手穿脱衣裤鞋袜、折叠衣裤。

对于行为失序的孩子，除了幼儿园老师的指导和帮助，在家庭方面，家长一方面要有意识放手培养孩子的生活自理能力，另一方面要重视日常生活中对孩子不当行为的监管；最后，成人要避免在孩子面前因为教育问题而出现冲突和争执，保持教育的一致性。

## 无理取闹的小明——**以自我为中心**

5 岁的小明出了名的能闹腾。一到人多的地方，他就喜欢不停地提出各种各样的要求，比如一定要买某个玩具、玩滑梯时不许别的小朋友在自己前面、旋转木马一坐上就不愿意下来，如果遭到拒绝，就大哭大闹，让父母感到无比尴尬。

当家里来客人时，他一会儿把自己的小车拿来给大家展示，一会儿说要看动画片，一会儿闹着要去外面玩，弄得父母不得不一次次地回答他那些明显打岔的小问题。而当父母对他明确提出要求时，小明却总是充耳不闻。如果父母态度稍为强硬一些，他就干脆耍赖哭闹。

父母应该意识到，无理取闹其实是孩子控制父母的一种手段。因此，父母在平时应把目光从孩子身上移开，不要让孩子成为家庭的焦点，适当地对孩子的行为（尤其是不良行为）加以忽视。即使孩子出生之后，夫妻关系也应该是家庭的主体，这种意识很重要。其实，只要稍加观察就会发现，在一个家庭中，如果夫妻关系良好，培养出来的孩子大都身心健康，个性良好。而那些夫妻关系不好（包括离异）的家庭，虽然父母在孩子身上花了许多心血，培养出的孩子仍不尽如人意。依据班图拉的社会学习理论，孩子的社会行为主要通过“观察模仿”的途径获得，当家庭中父母关系和谐时，就等于给孩子提供了良好的行为示范。反之，当父母之间冲突不断时，也很难期望孩子发展出良好的行为规范。言传身教，父母对孩子的教育更应遵循此过程。

除此之外，适当地把眼光离开孩子，也有利于培养孩子的独立性与处理问题的能力。心理治疗领域的“森田疗法”，强调对待行为问题持顺其自然的态度，过分关注反而会导致行为问题的加剧。此外，从行为主义的角度来看，父母过多的关注与焦虑会成为对孩子无理取闹行为的“强化”，这种强化往往是孩子无理取闹行为背后的重要推动因素。当父母改变态度，以一种坦然甚至“漠视”的态度对待孩子时，其无理取闹的行为反倒会弱化甚至消失。

## “热度最多保持三分钟”——**难以持续的兴趣**

小勇今年6岁，马上要读小学了。表面看来，他口齿伶俐，活泼好动。然而，稍一接触就会发现他不太寻常：他总是一副坐立不安的样子，精力充沛地四处游荡，一会儿看电视，一会儿翻连环画，一会儿拿出新买的“小冲锋枪”……刚开始做一件事，注意力又被另一个事物吸引。很少能看到他自始至终地完成一件事，热度最多保持三分钟。

心理学家指出，在儿童身上，具有一种沿着正常轨道发展的心理能量。心理能量必须在运动中得到强化，这样它才能统一个体的人格。如果这种统一不能获得，不管是由于成人占据了支配地位，还是由于儿童在环境中缺乏动力，心理能量和运动这两个组成因素就各自发展，使得心理能量失去了其承载点而毫无目的地漫游，并沿着错误的方向发展。结果便是儿童的心理产生歧变，喜欢想入非非，不能专注于一件事情。

在现实生活中，小勇爸爸的性格较为暴躁，容易发脾气。

小时候，每当小勇又笑又叫，沉浸于自己的小天地时，在一旁工作的爸爸总是不耐烦地把他赶到一边去。时间一长，小勇似乎习惯了父亲的这种态度，不再“执迷”于一种游戏，从而变得“朝三暮四”起来。因此，小勇的过分好动与小时候爸爸的态度有着密切的关系，爸爸的过多干涉导致小勇体内的心理能量和运动在某种程度上相互脱离。那么，如何解决他这种注意力难以维持的问题呢？

小勇行为问题的核心在于内在心理能量和实际行为无法正常结合。首先，父亲应该反思自己的教育态度，给孩子提供适当的空间，减少对孩子行为的干涉和控制，让孩子有充分活动、发展的自由。其次，应尽量给小勇创造一个安静、舒适的环境，让孩子能够专心、平静地投入自己要做的事情之中。

## 手忙脚乱的早上——**起床习惯的培养**

牛牛今年5岁，上幼儿园中班。牛牛的爸爸妈妈每天7:40去上班，6:30把孩子喊醒，每次都需要喊五六遍，孩子才慢腾腾地起床，有时候还发脾气。手忙脚乱地收拾好，最后一刻才跑进教室的场景几乎天天上演。

孩子早上不愿起床是一个普遍问题，要解决问题，必须先树立孩子的责任心。在树立孩子的责任心之前，父母首先应该做到不为孩子承担过多的责任。如每次起床时，父母比孩子更为着急，这是由于他们在无意识中把孩子的起床当成了自己的责任。只有让孩子为自己的行为感到着急、难过，才能真正解决问题。

那么，具体要怎么对待这种“懒”小孩呢？

### 第一，制订计划

列一张早上起床后孩子要做的事情的计划表，例如：

1. 穿好衣服。

2. 叠好被子。

3. 洗脸、刷牙。

4. 准备好书包。

5. 准备当天上课要用的东西。

……

### 第二，解释计划

把这张表贴在孩子房间里较显眼的位置。对孩子说，“从今天起，早上我不会再像以前那样一遍遍地喊你了。每天 6:30 喊醒你之后，给你 40 分钟的时间，你要依次完成表上所列的事情，然后再开始吃早饭。7:10 时，我要过来检查，你需要按时做完所有的事情，否则，你下午放学后不能出去玩，晚饭后也不准看电视”。

### 第三，执行计划

早上 6:30 把孩子喊醒后，不再关注他。7:10 时，检查看他的准备情况。如果没有准备好，或是赖在床上，不要生气、着急。当下午放学他要出去玩或晚上想看电视时，对他说，“你还记得咱们的计划吧”。当他说，“妈妈，我明天一定改好”，不要理会，只需说，“这是我们家的制度，不能随便破坏”。

在开始的一段时间，肯定会遇到许多困难，但只要坚持下去，“懒”孩子也会养成按时起床的好习惯。

## “妈妈，我来帮你扫地”——**责任心的培养**

“妈妈，我来帮你洗菜。”“妈妈，让我自己熨衣服吧。”“妈妈，我来帮你扫地吧”……我们经常听到孩子（包括四五岁的孩子）这样向父母表达自己想做家务的愿望。可家长在多数时候会这样说，“你还小，妈妈自己来洗，你去玩吧。”“不用了，你还是学习去吧。”

责任心是一个人取得成就的基本素质。一个做事马马虎虎、没有责任心的人，是很难做好本职工作的。责任心应该从小培养。那么，如何培养孩子的责任心呢？要从小事做起。例如，自己吃饭、穿衣、把玩具放回原处等。完成这些小事，不仅可以提高孩子的自信心，也是培养孩子责任意识的好途径。

长大以后，孩子都要脱离家庭，独立生存。因此，父母有义务教会他们做各种家务：做饭、洗熨衣服、整理房间等。这不仅有利于他们以后的生活，而且在做家务的过程中，可以使孩子体验到父母的辛苦与操劳。同时，做家务可以增加孩子的安全感。只有在做家务的过程中，孩子才能实实在在地感受到自己是家庭的一员，会产生一种被承认、接受的感觉。否则，孩子在家里将永远是个旁观者，处于被动的地位。在做家务的过程中，当孩子意识到自己所做的事情对家庭有用时，也会产生一种成就感，自尊心也会随之增强。

总之，孩子的责任心和好习惯不是靠父母的说教形成的，而是在做事情的过程中逐步建立的。在有兄弟姐妹的家庭中，人们会发现，排行老大的孩子往往责任心更强，更懂得体谅他人。因为与弟弟、妹妹相比，他们从小就承担了更多的家务。有些家长担心做家务会影响孩子的学习，这实在是杞人忧天，现在没有哪个家庭的家务多得足以令一个孩子忙得团团转，从而影响了学业。

那么，怎么让孩子学做家务呢？

先让孩子学做一些较为简单的家务，如扫扫地、摆放筷子、整理自己的玩具。逐渐地，再教孩子一些较复杂的家务，如洗碗、整理床铺等。当孩子刚开始做这些事时，首先，父母要多给孩子支持，而不是指示。过多的指示，如“你应该这样做”“这样做不对”等，只会增加孩子的挫折感，使孩子觉得自己难以达到父母的要求。其次，父母不要过多卷入孩子的活动之中。父母的过多参与会降低孩子的成就感，从而削弱孩子的积极性。

只要父母采取支持的态度，同时不过分关注孩子的行为，孩子就能逐渐学会系鞋带、铺床、洗手绢等简单的家务劳动，也树立了对家庭、对自己的责任心。

在对儿童做家务的培养方面，中外差异比较明显。下面一组儿童做家务的年龄表，可以为广大父母提供参考。

| 年　龄 | 家　务 |
| --- | --- |
| 9~23 个月 | 可以给孩子一些简单、易行的指示，比如：让孩子把脏的尿布扔到垃圾箱里。 |
| 2~3 岁 | 可以在家长的指示下把垃圾扔进垃圾箱，或当家长请求帮助时帮忙拿取东西；帮妈妈把衣服挂上衣架；使用马桶；刷牙；浇花（父母给孩子适量的水）；晚上睡前整理自己的玩具。 |
| 3~4 岁 | 更好地使用马桶；更仔细地刷牙、洗手；认真地浇花；收拾自己的玩具；喂宠物；睡前帮妈妈铺床，如拿枕头、被子等；饭后自己把盘碗放到厨房的水池里；帮助妈妈把叠好的干净衣服放回衣柜；把自己的脏衣服放到脏衣篮里。 |
| 4~5 岁 | 熟练掌握前几个阶段要求的家务；自己铺床；准备餐桌（从帮家长拿筷子开始，慢慢让孩子帮忙摆盘子）；饭后把脏的餐具放回厨房；把洗好晾干的衣服叠好放回衣柜（教给孩子如何正确叠不同的衣服）；准备自己第二天要穿的衣服。 |
| 5~6 岁 | 熟练掌握前几个阶段要求的家务，并能帮忙擦桌子；铺床 / 换床单（从帮妈妈把脏床单拿走，并拿来干净的床单开始）；准备自己第二天去学校要用的书包和要穿的鞋以及第二天上学要用的东西；收拾房间（把乱放的东西捡起来并放回原处）。 |

续　表

| 年　龄 | 家　务 |
| --- | --- |
| 6~7 岁 | 熟练掌握前几个阶段要求的家务，并能在父母的帮助下洗碗盘，能独立打扫自己的房间。 |
| 7~12 岁 | 熟练掌握前几个阶段要求的家务，并能做简单的饭；帮忙洗车；吸地、擦地、清理洗手间；扫树叶、扫雪；会用洗衣机和烘干机；出门扔垃圾。 |
| 13 岁以后 | 同成人一样，能够胜任各种家务。 |

注：本表在年龄设置上有交叉，因为孩子之间有差异性，且学习做家务有过渡性。

## 丢三落四的“健忘先生”——**克服“健忘”的习惯**

小小的妈妈这样描述对儿子的担心：“小小已经快6岁了，却是个有名的‘健忘先生’，总是丢三落四的，我们所说的任何事情他似乎都记不住。让他把玩具收起来再去吃饭，结果饭都吃完了，玩具还到处都是；刚买的玩具去公园玩了1个小时，回来就忘记放在哪里了；老师的话他也记不住，头一天布置的作业，第二天早上到幼儿园后他才想起来……”

这些孩子果真如家长所言，是个丢三落四的“健忘先生”吗？其实，大多数情况下，孩子问题的关键不在于“健忘”，而是他不愿意做自己不感兴趣的事情。父母可以观察一下，看他在什么情况下会“健忘”。如果他总忘记收拾玩具、饭前不洗手，但却从不忘记冰箱里的冰激凌，甚至父母几个星期前曾许诺的要给他买小汽车。那么，由此可以看出孩子的“健忘”是有选择性的，他会记住那些自己乐意干的事情，遗忘他所不愿意去做的事情。

那么，怎么才能提高孩子的记忆力呢？

**★第一步，列一个事物清单**

在清单上写出允许孩子做的事情，如下：

1. 骑自行车。
2. 到外边玩耍。
3. 在家玩玩具。
4. 每天看动画片 30 分钟。

**★第二步，张贴并解释清单**

把这张清单贴在一个显眼的地方，如冰箱上面。每当孩子忘掉什么事时，就把上述“特权”取消一个。所有被取消的特权直到下个星期一才能恢复。到了星期天，可以撤掉旧的行为表，和孩子一起制定一个新的行为“特权”清单，贴在冰箱上，依据孩子的行为决定特权的去留。

用这种无痛苦的方式对待孩子所谓的“健忘”可以培养孩子的责任心。如果父母坚持这样做，那么，在以后的几个月里，也许会发现孩子的记忆力有了明显增强。

在此过程中，父母可以选择适当放手，让孩子自己体验遗忘的后果。当因为遗忘而遭到老师批评或者没办法玩自己喜欢的玩具时，孩子便可以更为深刻地体验到遗忘的后果，这种惩罚式的经验也可以很好地帮助孩子克服“遗忘”。

## 无处下脚的房间——**整理习惯的培养**

小花今年9岁了，在学校各方面的表现都很好，可在家里就不同了。她妈妈说，“这孩子别的方面都让我们省心，可就是不愿意整理自己的房间。她的卧室总是一团糟，鞋子、衣服、书本扔得到处都是，抽屉也经常开着，简直没有下脚的地方。我们让她整理，她总是一副不耐烦的样子，‘这是我自己的房间，我爱这样’。你说，我们该怎么办？”

类似小花这样的情况其实非常普遍。孩子不愿意打扫房间的背后，其实是父母对培养孩子劳动习惯的漠视。在跨文化研究中发现中国孩子的劳动习惯和生活自理能力较弱，这种现象同中国“万般皆下品，唯有读书高”的文化有不可分割的关系。因此，很多中国父母会在孩子年龄很小时就进行各种知识技能的培训，却相对忽视对劳动习惯的培养。对于那些从小都是让父母给收拾“残局”的孩子而言，自然不会主动整理自己的房间。俗话说，“没有规矩，不成方圆”，即使在家里，也是如此。对于小花的情况，妈妈应该采取一定措施，制定具体的制度，让她养成爱整洁的好习惯。

首先，小花妈妈可以制定出详细的日常规则。例如：

1. 每天起床后叠被子。
2. 把不穿的衣服叠好，放在柜子里。
3. 把不穿的鞋子放在鞋架上。
4. 抽屉随时关上。
5. 做完作业后把书本收拾好。

之后每天检查小花的完成情况。完成得好，回家后可以自由安排时间。否则，行动将会受到一定程度的限制，如不准看动画片、不准出去玩等。直到把房间收拾好后，再恢复自由。

其次，每隔一段时间（1周或2周）安排一天（周六或周日）进行一次全家“大扫除”。在这一天，她要对自己的房间进行一次彻底的清洁。检查合格之后，才让她出去玩。这样坚持几个月后，孩子通常能够逐渐养成整理房间的习惯。

## 孩子的学习≠家长的包袱——**磨蹭的根源**

小明是一名小学生，他从来不认认真真地把作业写完，每次总是在父母苦口婆心的催促之下，才磨磨蹭蹭地开始写作业。父母十分头疼，于是向小明的班主任李老师求助，李老师非常热心地答应了，并对他们说，“以后你们不用再为这件事操心了，我会帮助小明的”。可是，过了一段时间，父母发现小明不仅没有进步，作业反而写得更糟糕了。他们只好又去找李老师，李老师却轻描淡写地说：“你们不用着急，我和小明正在努力。”小明的父母大为不解：“这是怎么回事？我们该怎么办？”

小明的父母应该搞清楚谁应该为小明的作业负责任。当然，负责任的应该是小明自己，他已经上小学，应该自己承担责任了。但事实上，小明的父母一直把孩子的作业看作自己的责任。他们提醒小明回家带课本，催促小明写作业，帮他检查对错，却没有采取实际行动去帮助小明改正错误。小明仿佛成了局外人，听从父母的摆布，从没想过学习是自己的事情，应该自己负责任。

李老师采取了截然相反的态度，放开手脚，让小明自己对自己的学习承担责任。这样一来，小明身上的缺点自然暴露无遗。看起来好像不如从前了，但这正是问题解决的开端。在这个过程中，父母也应当意识到，在事情变好之前，会有一段时间变得更糟。

在现实生活中，像小明父母这样的家长非常普遍。有这样一个典型的例子：一名读初二的男生，每天写作业还要依靠母亲按照老师的要求把作业一条条列下来再逐个执行。长此以往，这个男孩在学习上对母亲形成了强烈的依赖，母亲不在身边时需要不时地打电话询问自己该先写哪项再写哪项。由于长期过于依赖母亲，男孩的自理能力和社交能力出现了问题。在心理辅导的过程中，每当老师建议母亲对孩子的管理需要放松时，母亲就会抱怨，“我也不愿意天天管着他，可是我一放手，他就不知道自己该干什么了，要不一回到家就打游戏。没办法呀，我只能监督他学习……”

如果这位母亲懂得“在事情变好之前，会有一段时间变得更糟”这个道理，那么，她就能够通过逐步放手，让孩子自己承担学习的责任，而不是磨磨蹭蹭地把学习看作是为父母学习。作为父母，要注意对孩子的教育方法，要学着做李老师那样的父母。如果家长越俎代庖，孩子依赖被动，学习自然会成为家长的包袱。

## 自己赚饼干吃的布兰森——**理财习惯的培养**

英国维珍集团的创始人布兰森从小就有商业头脑。一次，父母送给他一部玩具小火车，他自己动手改装小火车，提高了车速，并定下2块巧克力饼干的门票价格，请小朋友观看。结果，一连半个月，布兰森都不愁没有饼干吃。

17岁时，布兰森离开学校，他拿着妈妈给的4英镑赞助创建了《学生》杂志。当合作伙伴们还在热衷于政治时，他就在考虑如何充分利用杂志品牌进行经营了。拉广告时，他对可口可乐公司称百事可乐已经预定了杂志的广告版面；他在来访的记者面前假装忙碌；他找来名人做专访，还派出记者去世界各地的热点地区进行采访。这一切，让《学生》的发行量一度激增到20万份。布兰森的成功与他的母亲在他成长阶段故意制造挑战是分不开的。

从小培养孩子的财务管理能力很重要。正如上述例子中的布兰森，很多叱咤商界的人物从小都显示了经营的能力。每年春节，孩子们都可以收到很多压岁钱，很多父母会把孩子的压岁钱直接收走，其实，从压岁钱中取出合适数额以月费或周费的形式交给孩子自己支配也是一个不错的选择。父母可以按照以下建议，有意识地培养孩子的财务管理能力。

★减少干涉

父母自己应该明确，给孩子零花钱是一种教育手段。花钱的经验可以使孩子逐渐学会如何有效地预算、控制自己的开支，从而培养其理财的能力。因此，父母应避免过多地干涉孩子，给孩子自己选择、决定的权力。

★适量而止

给孩子多少钱合适，可以参考两个因素——家庭经济状况及孩子的支配能力。首先，给孩子的零用钱应该与家庭的预算相符，如果家庭预算较为紧张，给孩子的零用钱较少时，父母应该诚恳地告诉孩子，“我们也希望能给你多些，但是家里的开支预算是有限的”，而不要对孩子说，“我们给你这么多，是因为你不需要那么多钱”。其次，给孩子的零用钱不要超过他的支配能力。开始时，少给一些，以后可以根据情况随时调整。因为一次给太多的钱会使孩子负担过重，且容易使其养成乱花钱的习惯。

★分次支付

如果发现孩子乱花零花钱，超过预算开支，父母则应以公事公办的态度同孩子商讨，以找到双方都同意的解决办法。当发现孩子不断出现钱到手就花光的现象时，父母则应该采取分次支付的办法，把一周的钱分成两三次给他。而不应该因此就暂时“冻结”孩子的“财政”来源，这样反而不利于问题的解决。

★态度一致

在给孩子零用钱时，父母的态度要前后一致，不能出尔反尔。首先，不能把零用钱当作要挟孩子的工具，比如当孩子考试好时就多给些，否则就缩减开支。或者以此作为要挟孩子听话的“大棒”。这些做法都达不到教育的目的。其次，父母也不要感情用事，生气的时候分文不给，高兴的时候有求必应。最后，父母还应注意：孩子固定开支中剩下的不多的零用钱，应由孩子自己储存起来或由其自己支配。

## 理性的惩罚方法——**暂时隔离法**

幼儿园阶段是培养孩子良好生活习惯的重要时期。如果想改进孩子的行为，建议使用——暂时隔离法，这也是一种理性惩戒手段。

第一步：列一张表

父母把希望孩子改正的坏毛病一一记下来。可以先从孩子在家里表现出的不良行为做起。例如，在表上先列出以下几个坏毛病：

1. 当我们要求她做某事（或禁止她做某事）时，她①装作没听见；②哭闹；③抱怨；④当场拒绝，“我不愿意做”。
2. 当我们工作时，她大声说话。
3. 当大人谈话时，她不时地插话。
4. 当要求得不到满足时，大声哭闹。

第二步：准备一个便于携带的计时表

在房间里找一处安静的角落（最好是一个单独的小房间），

保证孩子可以在那里单独待5分钟。

当一切准备好时，把孩子找过来，先和他一起检查一遍表中的行为，告诉他这些行为是他的一贯表现，再把自己的意图认真地解释给孩子听——

“你的这些行为很不好，我们希望以后不要在你身上发生。以前，爸爸妈妈总是被你的这些行为搞得筋疲力尽。现在，我们把这张表贴在冰箱上，当你表现出表上的任何一种行为时，你要到那个角落（或小房子）里独自待5分钟，听到铃声响时，你才能出来。”

### 第三步，实施

为了保证计划顺利实施，一定要坚持原则，不能对孩子妥协。也就是说，当孩子的行为违反了其中的一条时，不要威胁他：“我要把你送到那个角落里了。”什么也不要说，把他送到那里，把表定好时间，然后走开。在这样做时，孩子可能会说：“妈妈，我错了，我以后再也不这样做了。”这时，你要说：“当你从那里出来后，就会变好了。”继续把孩子“隔离”开去（隔离时间一般规定为1岁1分钟，6岁的孩子则应隔离6分钟）。大约一星期之后，孩子的行为一般会发生变化。但是，要让孩子养成良好的行为习惯，需要3~6个月的时间。“暂时隔离法”在帮助孩子养成良好行为习惯方面的效果一般很好。

PART 5

# 同伴之间的友谊

## ——儿童的社会交往

同伴的交往——友谊，对孩子的健康成长非常有益。那么，如何培养孩子与人交往的能力呢？在孩子刚刚咿呀学语、蹒跚学步时，就应该让他找自己的小伙伴去。因为友谊就是孩子成长的健心剂。

## “回家就不会被欺负了”——**关键交友期**

6岁的小易上幼儿园大班，他是个内向的孩子，平时在幼儿园总是独自坐着，很少参与小朋友们的活动，也没有要好的朋友。对于小易的交往情况，妈妈很担心，“爷爷奶奶带孩子，一是溺爱，二是管得太死板。小易有点胆小怕事，上次在学校，同学打他他都不还手。我觉得平时奶奶把他管得太死了，一放学就往家跑。时间长了都不会说话了。他奶奶只说安全第一，我想孩子就算真打起来了也不至于多不安全吧？重要的是要让他习惯在学校的生活，和小朋友一起玩，这对他有好处。奶奶越护着他，他越胆小，越容易被欺负，这不是适得其反吗。”

小易的奶奶则有着自己的道理，“他们（小易的爸爸妈妈）都是粗线条，让他们带小易出去玩我都不放心，好几次都让他爷爷跟着。上小学也是我和他爷爷接送，虽然我老了做不了啥，但看到孙子顺顺当当走进校门还是心里舒坦。他们不让催着小易放学赶紧回家，孩子还小，一个人在教室受了欺负就不好了！等小易大一点再和同学一起玩也不迟。”

从心理学的角度来看，社会交往能力的发展主要依赖于周围环境，12 岁尤其是 6 岁之前，都是个体社会交往能力形成的关键阶段。如果在这一阶段给孩子提供良好的土壤，让孩子有充分的机会和同伴进行交往，其社会交往能力就能健康地发展起来。反之，如果在小时候不给孩子提供足够的机会和同伴交往，那么，个体社会交往能力的发展就会受到很大限制，等到成年之后容易在社会交往方面出现诸多问题。

在童年阶段丧失的人际交往能力，等到青春期甚至成年之后再进行弥补通常是项艰巨的挑战。例如，有位男生高一住校时被同寝室的同学欺负后，他的家长才意识到从小到大孩子都没有交过好朋友，都是独来独往。如同小易的奶奶一样，这个男孩子的姥姥、姥爷总担心孩子在学校受欺负，担心孩子放学后肚子饿，每天一放学就赶紧把孩子带回家，节假日也把孩子关在家里。从小到大，孩子都像温室里的花儿一样，基本没有自己独立与同伴们交往的空间。随着年龄的增长，孩子逐渐丧失了和同龄伙伴交往的能力，导致青春期在同伴交往中出现各种问题。因此，小伙伴之间的友谊培养要从童年开始。

## 乖孩子的暗礁——**社交退缩**

5岁的小粒是爷爷奶奶眼中的乖孩子。同周围那些惹是生非的男孩相比，小粒绝对是个另类好榜样。在外面玩耍时，他要么安安静静地在一旁观看其他小朋友玩，要么独自玩，别的小朋友邀请时，他也会与大家一起玩，但在整个过程中，他只是被动地服从，从来不大嚷大闹。跟着大人去超市时，他也很少耍赖要求买各种玩具。对于自己喜欢的东西，如果大人不答应买，他也只是哼唧几下。在家里，小粒也很少惹大人生气。虽然爷爷奶奶非常喜欢小粒这个乖孩子，但爸爸妈妈总觉得孩子有点不对头。让人省心的“乖孩子”是否也需要加以特别关注呢？

因为孩子过分安静、内向而忧心忡忡的父母并不多见。尤其是在老人眼里，安静的孩子就是让大人省心的好孩子。但是，如果仔细观察一下，家长就会发现，相当一部分过分安静、听话的孩子往往属于社交退缩、行为被动的类型。这些孩子大致会有以下几种表现：

### ★循环、重复的自我刺激模式

在孩子的生活中，也有着各种“压力”，比如与陌生人相处、离家去幼儿园等。当孩子面临太多的压力时，由于内心过分恐惧、焦虑，他们往往会退缩到个人的小天地中。当然，随着时间的推移，绝大多数儿童能够想出一些积极的办法来克服这些压力，但是，那些行为退缩、被动的孩子则会逐渐形成一种固定、重复出现的自我刺激模式来摆脱内心的压力。这些自我刺激模式包括：吮吸手指、咬指甲、纠头发、过分贪食等不良行为习惯。

当孩子出现这些行为时，家长通常大声呵斥，一再地禁止孩子做这些动作。但是，这种做法一般而言是不会奏效的。首先，在孩子的潜意识中，父母这种明令禁止、过分关注对孩子行为是一种反馈，起到了强化的作用。其次，父母这样做时，丝毫没有考虑孩子行为的内在原因。由于孩子的这些行为通常起因于环境中的压力，因此，父母关注的焦点应是如何帮助孩子减轻这些压力，而不是斥责孩子的异常行为。当压力消失，周围的环境变得轻松、愉快，孩子感受不到威胁时，那些不良的行为也会悄悄地消失。

### ★拒绝交往

行为退缩、被动的孩子往往不愿意与其他孩子一起谈话、游戏，严重的甚至避免与别人进行目光接触。他们常常独处一隅，看着同伴们嬉笑。通常情况下，成人的目光会被那些顽劣的孩子所吸引，而忽略这些安静、孤僻的儿童。但实际上，这些儿童更需要成人的帮助。只有在与别人交往的过程中，孩子才能建立起自尊心、信任感及归属感，而这些感情是一个心理健康、快乐的儿童所必需的。

★压抑不良情绪

这些过分安静的儿童常常抑制自己的一些不良情绪，当感到愤怒、恐惧、沮丧时，他们并不表达出来。对自己情绪的压抑不利于孩子自我价值感及自信心的建立。因此，父母应该尽力使孩子懂得，人都是会犯错误的，不必要求自己完美，应该尽量展现真实的自我。只有当自尊心增强之后，孩子才能更加自如地表现自我，维护自己的立场。

当然，孩子还应学会如何恰当地表达自己的消极情绪。一方面，成人可以给孩子提供一些示范做法，并让孩子如实地表达自己对所示行为的评价。另一方面，成人要尽量避免这样评价孩子的行为，“没什么值得哭的”“你没有理由这么生气”“这根本不算什么事儿”……虽然孩子表达自己的负面情绪要以不伤害他人为前提，但一定要允许他表达自己的真实感受。只有当孩子懂得如何以恰当的方式表达自己的感受，他才能更加自由地展示自己的内心世界，才能活得更加真实、有信心。

## 隐形的小伙伴——**假想朋友**

小苑是个3岁的女孩，每天早上起来后，就开始自言自语，“婷婷，快起床”“你穿好衣服了吗”“啊，你今天的鞋子真漂亮”“走，咱们吃饭去”。到厨房之后，她会指着身边的小椅子说，“婷婷，你坐这儿，这是你的饭”。吃完饭后，有时，她会拉着“婷婷”的手，一起出去玩。整个过程，就她一个人在说话。那么，婷婷是谁呢？原来，那是小苑想象出来的小伙伴。父母告诉她，家里并没有婷婷这个小朋友，可是，不管怎么解释，她就是不相信，确信婷婷天天陪着自己。

这是孩子发展过程中的正常现象。一般而言，3岁孩子的具体形象思维、想象力开始发展。这时，他们的头脑中会出现各种现实生活中所没有的事物，来满足他们的需要。这一年龄段的孩子特别喜欢听童话故事，就是这个道理。

在3岁左右，许多孩子都会产生假想中的小伙伴，并与他们进行交谈、玩耍，只不过那些独生子女因为玩伴较少，表现得更为明显而已。比如 3 岁的男孩小兵，每天醒来后，如果大人不在身边，他哭闹几声后，就会兴致勃勃地与某个隐藏的“好朋友”叽叽喳喳说个不停。

对于这种现象，父母不用过于担心和着急。在多数情况下，这只是孩子发展过程中阶段性的表现。这是孩子思维、想象力进一步发展的标志，会为孩子以后阅读能力的发展奠定基础。另外，孩子通过隐形的伙伴锻炼了与同伴交往的能力。现在许多独生子女缺乏与别的孩子一起游戏的条件，与“假想”中的朋友交往，是孩子给自己创造了与他人交际的机会。有了“隐形”的好朋友，孩子就不会一直缠着父母，父母也获得了暂时的解放。

## 顺从背后的秘密——**高度依赖**

5岁的洋洋生性腼腆、非常听话，是妈妈的掌上明珠。洋洋喜欢让妈妈给自己讲故事、唱歌、陪着自己玩。每当妈妈要去工作时，她就会问一些问题，“为什么天上的星星会眨眼？为什么……”妈妈解释完之后，她会似懂非懂地点点头，仿佛记住了，但下次她又会问同样的问题。

洋洋非常听爸爸妈妈的话，很少任性、哭闹。如果她在玩玩具，妈妈说，“洋洋，现在咱们开始讲故事吧”，她会马上放下手中的玩具，跑到妈妈身边。她想要玩具汽车，但如果妈妈说，“女孩子应该玩布娃娃”，她便会把目光投向五彩缤纷的布娃娃。

心理学家指出，对成人过分顺从、听话的孩子，实质上是依附性很强的一种表现。这种孩子的个性往往较为退缩、怯懦，心理能量较弱，常常不能抵制成人的影响。因此，他们往往会依赖于某一个成人，希望用成人的活动来代替自己的活动。这样的孩子缺乏活力，他们的创造性也会因此而受到很大的抑制。他们不停地提问，只是缠住成人陪伴自己的一种手段而已。

依赖性强的儿童长大之后，往往会成为一个没有主见、被动的成人，而且会继续找一个强有力的“家长”（朋友或配偶）作为其依赖的对象。

在竞争日趋激烈的当今社会，内心充满活力，具有主动性、创造性的个体有更强的适应性，依附性强的孩子长大之后，往往欠缺必要的挫折应对力，难以在社会竞争之中博得一席之地。因此，当别人都夸自己的孩子听话、顺从时，父母有必要认真反省一下，“是否该加强对孩子独立性的培养？”俗话说，“人无远虑，必有近忧”，对于缺乏独立性的孩子，应该从生活中的点点滴滴培养其独立性，比如在碰到各种问题时，鼓励孩子自己想办法独立解决，做事情失败时，鼓励孩子独立尝试，多给孩子提供参与各种挑战的机会。独立的背后是自信，当孩子有充分的自信时，他的独立性也会逐步建立起来。

## 消失的牢骚——**行为强化**

“妈妈，我不想上学了！”一回到家，佳佳把书包往沙发上一摔，气呼呼地嚷着。“怎么回事？”，正在厨房里忙着的妈妈赶快走了出来。“同学们都不愿意跟我玩了，就连最好的朋友也躲着我。”

原来，上学期由于学习用功，佳佳的成绩进步很快，从中上等一跃成为班里的第 1 名。于是，一些同学出于忌妒，开始在背后说佳佳的坏话。有的说佳佳只是运气好，碰巧复习到了考试的题目；有的说是佳佳在背后“收买”了老师，给他“开小灶”；有的说看见佳佳和他妈妈一起提着什么东西去数学老师的家；还有的说是佳佳考试时作弊了……

一开始，佳佳倒没有特别在意这些流言，可是，渐渐地，他发现同学们都开始疏远他。课间时，大家不再像往常一样喊他出去玩；放学后，别人都三个一群、两个一伙的，唯独剩下他自己；他去找同学搭话，可别人却阴阳怪气地说，“你还是让老师给你复习功课吧，免得耽误了你的学习”……佳佳苦闷极了，他不明白，自己努力学习取得了进步，为什么反而没有朋友了。

得知这些情况后，妈妈也很生气，她安慰了佳佳一番，佳佳的情绪才渐渐好起来。可是，在接下来的几天，每天放学后，佳佳就开始诉苦，妈妈呢，一边听，一边痛斥同学的不讲理，安慰佳佳。

后来，妈妈发现佳佳与同学们的关系日益疏远，在他眼里，每个同学都是“小心眼”“蛮不讲理”，都不值得交朋友。佳佳也变得越来越孤僻、沮丧。这时，妈妈开始真正着急起来，这样发展下去，对佳佳的成长是很不利的。

于是，当佳佳再次发牢骚时，妈妈一反常态，平静地说，“佳佳，你已经是个大孩子了，应该学会自己解决问题。虽然你的同学有错误的地方，可他们也有自己的长处。你应该努力去发现他们的优点，想办法让他们接受自己。你如果自己解决不了，妈妈会全力帮助你的”。妈妈的态度转变之后，佳佳的牢骚也越来越少。慢慢地，他又开始讲起了学校的一些趣闻，半个月后，他又重新有了几个小伙伴，变得快乐起来。

在对个体的行为塑造上行为主义流派一直占据主导地位。

不管我们对于行为主义流派的观点和做法是否认同，但事实上，我们日常生活中的确随时可以看到以行为主义途径塑造个体行为模式的案例，并且人们基本上是在无意识的状况下进行着相互的行为塑造。

行为塑造主要通过两种手段——强化和惩罚——得以实现。在佳佳的个案中，妈妈的同情和安慰对佳佳的抱怨而言就是理想的强化物。作为一种强化物，同情就如鸦片一样，小剂量可以减轻痛苦，但是，当剂量稍多时，孩子很容易上瘾。一旦"上瘾"，为了得到更多同情、安慰，孩子将会停止解决问题，任由问题积累，而同情也会随之加重，直至孩子完全被动、舒适地成为问题的"牺牲品"。

因此，要改变孩子的行为，首先要从父母自身做起，停止对孩子"牢骚"或"诉苦"之类行为的同情式强化。当孩子诉苦时，父母要对他说，"孩子，我理解你，但是自己的问题要自己解决，我会帮助你，但绝不同情你"。一旦孩子从父母那里得不到对"诉苦"的强化式反应时，他们的注意重点便会转向独立解决问题了。在养育孩子的过程中，强化和惩罚确实对塑造行为有着非常广泛的用途，只要运用得当，父母通常可以得到理想的结果反馈。

## 是还击还是寻求帮助？——**被欺负的对策**

一位妈妈讲述了她的苦恼："我的孩子上幼儿园大班，在幼儿园经常被打、被咬、被抓伤或者被抢玩具、被抢零食。当自己的心肝宝贝被别的孩子欺负了，看着孩子受伤的小脸，听着孩子委屈的哭诉，我总是很难过，而且无所适从。为什么有的孩子天生就爱打人？平常跟一些妈妈和老师交流时，大家一般认为可能是有些孩子精力比较旺盛，得找个渠道发泄，也有可能是孩子缺乏同理心。当孩子被打时，我们是应该让孩子奋勇还击，还是委曲求全，或者是寻求帮助呢？"

这位妈妈所面临的问题很有代表性，也是不少妈妈在孩子上幼儿园阶段的困扰。

第一个问题是"为什么有的孩子天生就爱打人？"

心理学研究显示，"打人"这种行为确实具有天生的成分，每个孩子生下来就具有攻击他人的本能。那些爱打人的孩子，通常属于性格外向、精力充沛的类型。不过，除了先天的成分之外，孩子爱打人和家庭环境有重要的关系。

首先，这些孩子的父母天生具有暴力倾向或者经常打打闹闹，或者经常对孩子体罚，在这样的环境之下，孩子潜移默化，通过观察和模仿，也学会了使用暴力对待他人，在幼儿园里自然就会表现出更多的“打人”行为。

还有一些爱打人的孩子，他们的父母可能并没有很多的暴力行为，但是由于工作忙碌而没有时间陪伴孩子，于是就经常让孩子看电视，久而久之，通过观察和模仿，孩子学会了用武力对待其他小朋友。

当然，还有一些小朋友在幼儿园里经常打人是因为成人对他们的忽视，他们在家庭中没有足够的温暖。每次“打人”之后，其他小朋友的父母会到老师或家长那里告状，也只有在这个时候，家长、老师才会注意到他们，把他们喊过来批评一通。对待这种小朋友，如果父母和老师在平时给予他们更多的关注，他们的“打人”行为也会慢慢消除。

除此之外，有些孩子之所以喜欢打人，是因为其他孩子怯懦和退缩。有些孩子开始可能并不喜欢打人，但是，当某天和其他小朋友争夺玩具时，他动手打了对方，结果那个小朋友就吓得把玩具给他了。下次发生类似情况时，这个小朋友又通过“打人”的手段得到了自己想要的东西。如此几次之后，这个小朋友就会形成一种认识，通过“打人”可以得到自己想要的东西。于是，这些小朋友在幼儿园里就养成了“打人”的习惯。

孩子爱打人的原因是多方面的，爱打人的孩子多数缺乏同情心，但是，通过对孩子行为背后原因的分析，再采取相应措施加以引导，是可以改变孩子“爱打人”的行为的。如果不加管束地任由孩子打人，长期发展下去，会使孩子成年之后表现出更多的暴力行为，甚至走上犯罪的道路。

第二个问题是面对孩子被打这一现状，父母是应该“让孩子奋勇还击呢，还是委曲求全，或者寻求帮助呢”。

在这三种选择中，父母最不应该采取的措施就是让孩子委曲求全。忍耐本身就是对“打人”行为的一种纵容，这种纵容的后果只能是继续被其他小朋友打。心理学研究表明，长期遭受欺负的经历会对孩子的心理发展产生一系列负面作用，这些孩子通常自信心不足，容易产生沮丧、抑郁等不良情绪，并且在同伴之中也更容易遭到排斥和拒绝，这对孩子以后的健康成长是非常不利的。

那么，父母应该“让孩子奋勇还击还是寻求帮助”？这两种做法各有利弊，都只能适度使用。只让孩子奋勇还击，很有可能物极必反，导致孩子养成打人的习惯，转而欺负其他小朋友。曾经有一名 4 岁小男孩的母亲这样说，“我儿子刚上幼儿园时，每次回来都哭哭啼啼地告状，说小朋友又打他了。我听了又生气又心疼，就经常对孩子讲，为什么猫啊、老虎啊都长着爪子，就是为了保护自己，以后有小朋友敢欺负你，你就抓他、打他……后来，我儿子果然学会了保护自己，从幼儿园回来后不再告状了。可是，过了一段时间，不断有小朋友的家长找上门来，说被我儿子抓了脸、推得摔了跤……”由此可见，当孩子学会通过奋勇还击、“打人”获得自己想要的东西之后，慢慢地这种行为就会升级，由被动“反击”变为主动攻击，认为只有通过“打人”才能够获得自己想要的东西。

但是，当孩子被其他小朋友欺负时，一味地让孩子寻求帮助，也是不妥当的。一时地寻求老师或家长的帮助，可以暂时制止其他孩子的打人行为，但长此以往，会进一步加重孩子的依赖性和退缩性，甚至影响孩子的身心健康发展。比如，一位3岁的小女孩刚上幼儿园时，总是向老师或妈妈告状，一会儿说其他小朋友碰了她的脸，一会儿又说玩具被其他小朋友夺走了。开始的时候，妈妈总是心疼得不得了，一边安慰小女孩，一边和老师沟通，希望老师能够多多关注自己的女儿，批评教育下欺负人的小朋友。可是过了段时间，妈妈发现情况非但没有好转，女儿告状的次数反而更多了。原来，每次告状之后，女孩总是能从妈妈或老师那里得到同情和关注，于是只要其他小朋友对自己有一点点敌意，她便去告状。于是，妈妈就改变了策略，等小女孩又来告状时，妈妈就说，“小朋友要学会自己解决问题，不能总找妈妈告状啊。下次别人再打你时，你要想想该怎么办。”这样重复几次后，妈妈发现女儿告状的次数越来越少，也逐渐能够自己解决与小朋友之间的争端了。

心理学研究发现，那些经常遭受欺负、挨打的孩子往往性格内向，不大喜欢同别人交往。为了避免自己的孩子挨打，一个较为有效的办法便是鼓励孩子多同其他小朋友玩耍，发展几个关系要好的小伙伴，因为在群体之中好朋友越多，孩子的社交能力就会越强，自信心也会越高，挨打的可能性自然就越小。

## 孤僻的独生孩子——**成人化的儿童**

"'90后'一代基本是独生子女。我在童年享受着'独一无二'带来的种种好处的同时，也不得不饱尝孤独。在幼年时期，我并不知道'孤独'是什么，因为我有许多玩具，有爸爸、妈妈、保姆和家庭教师的轮番照料。妈妈曾经万分骄傲地说小时候的我白得像个搪瓷娃娃，正是因为这种温室般的成长环境，或者说'与周围同龄人隔绝'的生活方式，铸就了我智商和体力发展的不平衡，导致我成年之后不断品尝苦果。"

"从理论上讲，5~8岁应该是一个孩子最喜欢到处撒野的年龄，而我却没有。因为一直在成人的包围中成长，我的心智过早成熟，说话、行事像个'小大人'，被很多叔叔阿姨夸'懂事'。小时候，我最大的爱好就是独处：自己看书、画画、写字、跳舞以及听音乐。所以，童年的我没有几个朋友，当时也不觉得生活中需要朋友。"

“小时候的‘自我封闭’是一种长期对外界的不信任和对家人特别依赖的双重作用下养成的习惯。随着年龄的增长，妈妈开始意识到‘情势不对’。因为作为一个‘独’惯了的孩子，我在看到陌生人的时候会特别紧张、害羞，没有交流欲望，到了不熟悉的环境中也会特别恐惧。于是，妈妈开始把我往外面‘赶’，每天规定我必须在外面和小朋友玩够半个小时，不然就不给我开门。还记得自己第一次出门时，不到十分钟就折回家了，于是，剩下的二十来分钟就坐在门口的台阶上艰难度过。后来，和院子里的小朋友们逐渐混熟了，每次出去都必带的书渐渐放了下来，在外面待的时间也渐渐见长。于是，我不再羞于融入同学和朋友的小圈子，并逐渐开始展示自己……”

“如今的我，在大学生活里适应能力还不错，在别人眼中也算阳光开朗。但在内心深处，总觉得自己很难同周围伙伴真正打成一片，在同他人交往时总有一种不太情愿的被动感，不时泛起的几丝挥之不去的孤独感，这应该就是童年所留下的烙印吧。”

6岁之前是儿童社会交往能力发展的重要阶段，在这一阶段，儿童的主要发展任务便是通过同伴间的游戏学会如何同外界互动，尤其是如何与同龄人相处，这一阶段的生活经验将为个体今后的社会适应奠定重要基础。那些人际交往能力强、合群的个体，通常在6岁之前都有一段与同龄人嬉戏互动、无忧无虑的童年，而那些在人际交往方面出现各种适应困难的个体，也通常是在社会能力发展的这一黄金期与同龄人的互动较为有限，正常的社会交往能力发展受到了抑制。

上文案例是一名男大学生对自己童年生活的回顾，非常生动地刻画了独生子女的经历和体验。在“4 + 2 + 1”的家庭模式下，在成人包围之下的儿童很容易丧失与同龄人互动的时机，发展成语言行为过早成人化的儿童。在孩子年幼时，父母对知识学习的过分重视也会导致孩子在一定程度错失社会交往的大好时机。一名5岁女孩的外婆向人介绍说，从孩子4岁起，每天从幼儿园一回到家，孩子便得学习认字。如果孩子完不成学习任务，就会受到惩罚。外婆的目标是让孩子在上小学之前认识几乎全部的汉字。可以想象，在成人如此急迫的学习目标之下，孩子很难有足够的时间和同龄人游戏，社会交往能力也会受影响。

因此，万物皆有时，每种能力的发展都有其最为适宜的时期，当错过这段时期时，往往会在事倍功半之余还徒留诸多遗憾。正如此案例中的男孩所言“……在内心深处，总觉得自己很难同周围伙伴真正打成一片，在和别人交往时总有一种不太情愿的被动感……”错过的东西不一定都能找得回来。

PART 6

# 孩子是怎样学习的

## ——儿童的学习路径

对学龄前儿童而言，父母的一项重要工作就是给孩子讲故事。“开卷有益”，对幼儿来说尤其如此。心理学家发现，儿童在学校的语文阅读成绩同家庭的教育环境关系密切。那些家里书籍数量更多、接触书籍时间较早、听父母讲故事时间较多的孩子，上学之后往往阅读水平更高，理解能力更强。

## 爱读书的诀窍——**字词的认识**

小花和表姐娜娜都7岁了，两人经常在一起玩耍。不过，一提起读书，两位妈妈描述的情景却完全不同。小花的妈妈说，在小花小时候，自己每天都给她读睡前故事，一直坚持到幼儿园大班。虽然给她买了各种各样的书，但她也难得安静下来看，即使在父母的“逼迫”下翻起了书，对文字也是“视而不见”，她所感兴趣的只是书中那些五颜六色的图画。而娜娜呢，按照妈妈的描述，每天一回家就自己待在房间里读各种书，有时候该睡觉了、吃饭了也迟迟不愿意离开书桌。

小花的妈妈一直疑惑不解，自己花了那么多心思，为什么小花不能像娜娜那样喜欢看书呢？事实上，小花和娜娜对阅读所表现出的迥然不同的态度，是因为她们对文字的兴趣不同。这些不同兴趣的产生与父母的早期教育方式有很大的关系。

娜娜的父母在她四五岁时，首先教她写一些简单的字，但并不对字的含义多加解释。那时的娜娜，好奇心很强，父母每教一个字，她就会模仿，到处写个不停。然后再大声地读出所写字的读音。五六个月以后，娜娜已经认识了许多字，这时，妈妈就有意识地用这些字组成一句话，再让娜娜读出来。当娜娜意识到文字可以用来表达自己的思想时，她马上对这些句子产生了浓厚的兴趣，经常试图读出自己所看到的文字，并主动找书阅读。

小花父母的做法却恰恰相反。在小花四五岁时，他们便开始教小花认书中的字，“这个字读‘tai’（太），‘太阳’的‘太’，这个字读‘ri’（日），是太阳的意思……”刚开始，小花还津津有味地听妈妈讲故事，但妈妈频频插入的解释，让她很快失去了兴趣。因此，她开始讨厌看这些书，宁愿独自玩玩具，也不愿意听父母教自己认字。

两种教育方式的差别显而易见：娜娜的父母先教孩子书写，再逐渐过渡到阅读，使孩子自然而然地对阅读产生了兴趣；小花的父母直接教孩子理解符号所代表的抽象意义，书写则被摆到了次要位置。这样做的结果是扼杀了孩子的兴趣与探究力，欲速则不达。四五岁孩子的思维大多处于直觉行动与具体形象水平，只能通过自身的行动与具体的形象去理解所学对象的含义。这一年龄段的孩子，很少能先对抽象的词语进行思考。因此，父母枯燥的讲解很容易抹杀他们的兴趣，无异于揠苗助长。

## 半途而废的对策——**乐器的坚持**

晓晶从5岁开始学钢琴，如今，10岁的她已经考过了5级。她的妈妈介绍说，晓晶练琴非常自律，即使爸爸妈妈没时间监管，她也可以自己坚持练习。考级前，她经常一个人连续练琴好几个小时。在学琴一两年的时候，晓晶进入了瓶颈期，死活不愿意练琴，妈妈采取高压措施强迫她继续学习，老师也非常严格地对她进行督促。过了这一瓶颈期后，晓晶重新恢复了对钢琴的热情，现在经常陶醉其中……

11岁的丽丽之前也学过钢琴，但在学了2年左右后不愿意再练，爸爸妈妈多次督促无效后，最终便由着孩子停止了学习。当年高价购置的钢琴如今一直闲置在屋子的角落。

通常情况下，当孩子学乐器半途而废时，父母会采取两种态度：一是采取高压强制策略，不管孩子如何反抗、抵制，始终坚持己见，强迫孩子继续学下去；二是采取自由放任的态度，尊重孩子的喜好，让孩子自己决定坚持与否，不多加干涉。上述两种态度孰是孰非，难下定论，关键是找到一条更加科学有效的途径，让音乐在孩子的成长中发挥更好的作用。以下三条建议可供借鉴。

★首先，明确目的

虽然在某种意义上可以说音乐是孩子健康成长的催化剂，但父母应该明确一点，童年音乐教育的主要目标是给孩子提供有效的感情疏通渠道。在成人眼里，童年是无忧无虑的，作为孩子，却时时感到生活中充满了约束与挫折。通过音乐，孩子可以自由地表达自己的喜怒哀乐，身心得到放松。而成人所重视的却是孩子演奏的本领，他们会喋喋不休地对孩子的演奏水平、个人能力加以评价，孩子对乐器的厌恶也往往由此而生。

★其次，良师不可少

在孩子的学习过程中，父母应给孩子找一个责任心强并且理解孩子的好老师。这样的老师，既要关心孩子的音乐学习，也应了解孩子的心理。在学习过程中，应该让孩子学会遵守以下两条原则：如果要取消某一天的课，必须由孩子自己提前一天亲自通知老师，否则不能取消；在选定音乐练习的时间和进度方面，应按实际情况留有余地。这样做一方面可以培养孩子的独立性和责任感，另一方面可以使孩子感到成人对自己的尊重与理解。

★最后，沉默是金

在孩子练习乐器的过程中，父母应适当地保持沉默，给孩子一定的自由空间。父母应避免不断地督促孩子练习乐器，也不要喋喋不休地提醒乐器有多贵、父母挣钱多不容易，这样做既无助于孩子技艺的提高，也不能增加孩子对音乐的兴趣，反而会使孩子内疚、抵触，徒增压力。

另外，父母也不宜过高地预言孩子的能力，“你在音乐上的潜力很大，只要好好学，一定会有所成就”“你很有音乐天赋，我们对你充满了信心”。听到这样的评价，一方面，孩子可能会窃窃自喜，但另一方面，为了维持自己在父母心目中的“好形象”，孩子又会避免参加考试、练习，他们会对自己说，“如果不参加考试，父母就会保持这样高的评价”“如果我不练，就不会让父母失望”。孩子最需要的是父母的理解与正确评价。正如心理学家所指出的，“儿童天生具有一种发展、成长的本能，而成人所要做的，只是给孩子提供合适的环境”。

## “你的脑子太笨”——贴标签的后果

近日，上海一位小学生的妈妈说自己“陪读陪出动脉痉挛”，引发许多网友共鸣。家长纷纷分享自己的陪读经历。

“我陪读都快要陪出心梗了……”

“原来传说中气到爆血管真的不是空穴来风……”

“‘80后’已经快被‘10后’气死了……”

“说好的命重要呢？谁还不是一边说着‘不陪了’，一边冒着爆血管的风险挺身上火线……”

这些年，陪写作业的妈妈都有一种病——“陪写作业后遗症”。

心理学家指出，由于儿童（尤其是学龄前儿童）思维发展水平较低，不可能对自己各方面的能力及表现进行独立评价，他们往往会轻信成人对自己的评价。成人的评价对孩子个性的形成起着非常重要的作用。如果成人夸自己聪明，孩子就会沾沾自喜，认为别人都不如自己，容易形成自负、骄傲的个性特点。反之，如果总听到别人对自己否定的话语，孩子就会产生沮丧的情绪体验，觉得自己处处不如人，容易变得怯懦、自卑。

在辅导孩子学习的过程中，家长常忍不住怒吼“你就是没有学数学的头脑”“你的口头表达能力太差”“你的脑子太笨”“你总是写不好字”……家长在情绪难以自持之下爆发的怒吼会给孩子的发展带来难以抹去的烙印。

例如，有的孩子由于动作能力发展得较为缓慢，身体的协调能力较差。这时，如果周围的成人说，“这孩子总是笨手笨脚的，天生不是搞运动的料”，孩子就会认为自己在运动方面天生不如别人，于是他就会尽量避免参加类似的游戏，不仅使自己失去了锻炼、提高运动能力的机会，也影响了同伴交往能力的发展。这样的孩子长大之后，性格往往较为内向、沉闷。反之，如果成人采取理解、支持的态度，孩子的发展也许会呈现出另一番景象。

因此，在教育孩子的过程中，父母一定要尽量避免轻易给孩子贴标签。过于严厉、苛刻的评价都会对孩子的发展产生难以磨灭的阴影。

## 父母的咆哮——**斥责的弊端**

情景 1：疲劳作战的爸爸一副自暴自弃的样子，“你想写几就写几，随便你写几”，随后发出了一声沉重的叹息，再一次拿过草稿纸，做起了演算示范。“左边！右边！左边大，确定好！三倍！！！”终于，爸爸的情绪全面爆发了，“嘭”地拍了一下桌子，“你这个笨蛋！天天喊累死了、累死了，我们不累啊”……

情景 2：晚上 10 点多，从楼上传来一个女人的咆哮声，“什么关系?！啊？你说到底是什么关系?！”我那颗八卦的心疯狂地跳动起来，趴到窗台上认真地听着下文。女人继续气愤地喊道，“你这个蠢猪！互为相反数啊?！”我默默地关上了窗户。

心理学家指出，当成人以威吓、过分严厉的态度对待儿童时，作为一种无意识的反应，孩子会在内心深处筑起一道心理防御机制，对成人的反应会越来越少，通过这种防御机制，孩子的心里仿佛无意识地说，“你讲，但是我不听。你不断地重复，然而我不听。因为我正忙于竖起一道墙把你拒之门外，不然我就无法构筑起我自己的世界。”父母望子成龙心切固然可以理解，然而，如果家长不改变自己的教育态度，孩子很难学好知识。因为在他们幼小的心灵中，已经萌发了“抵触”的幼苗。

在这种情绪的控制下，孩子会拒绝、讨厌做作业，进而讨厌学校、老师、同学，直至完全脱离学校。许多患学校恐惧症的孩子就是由此而引发的。由此可见，儿童时期所产生的防御、抵触情绪对其以后发展的影响有多深。因此，在教育孩子的过程中，老师及家长应注意自己的言行可能产生的后果，只有采取循循善诱、耐心细致的辅导方式，才会事半功倍。

当然，在实际生活中，要让父母做到完全不发火其实也是不可能的。在感到要控制不住情绪时，父母可以采取这些策略：一是转移注意力，离开书桌去做别的事情，暂时不再继续纠结于孩子的学习问题；二是适当降低对孩子的要求，接受孩子的现状。总之，在辅导孩子写作业时，父母要尽量避免为孩子抵触情绪的萌芽埋下伏笔。

## 靠“听”学习的孩子——**找准感觉通道**

有个7岁的孩子，从4岁开始就被爸爸妈妈送到培训班学习英语，但他的大脑仿佛对英语关闭了一样，学了3年，英语却还是一塌糊涂。虽然他很用功，父母也想尽了办法，但总是不见效。后来，在心理学家的建议下，在学英语时，不仅让他多看、多读，更重要的是让他多听。最后，他所学过的英语单词全都以听觉的方式呈现出来。结果，他的英语成绩很快就提了上去。

在学习新事物时，不同的人喜欢用不同的感官。据此可以分出以下三种学习方式。

★视觉学习型

这种类型的孩子倾向于通过视觉——靠看去认识新事物，在学习过程中，他们非常依赖自己的视觉，靠看去读、去记。

★听觉学习型

对这种类型的孩子来说最有效的学习方式是听，他们喜欢通过听老师讲来进行记忆。上文案例中的孩子就属于这种类型。

★体觉学习型

对这种类型的孩子来说最有效的学习方式是动作体验。在学的过程中，让他们亲自去摸、去做，手脑并用，效果才好。只有这样，在学的过程中，他们才会兴趣盎然。

因此，父母不妨观察一下自己的孩子属于哪种类型？当找到自己孩子所擅长的感觉通道后，父母的教育效果将会事半功倍。

当然，要提高孩子的学习效率，最好的方式就是多感官同时参与，听觉、视觉、触觉、动觉、味觉、嗅觉都发动起来，对所学知识进行多途径的全方位感受，记忆的深度和准确度才会最优。

## 玩物不丧志——**尊重天性的重要性**

今年23岁的方方曾是远近闻名的天才儿童，从3岁开始，父母就对他进行正规的书本教育。由于天资聪颖，方方13岁就上了大学。在幼年的时候，方方就整日埋头于书本，失去了与同龄人交往的机会，在大学里，周围又都是比自己长五六岁的大姐姐、大哥哥，因此，他感到极不适应，中途曾经一度退学。后来，他对学习感到厌倦，并逐渐染上了抽烟、喝酒的坏毛病。往日的“超常”儿童，今日逐渐沦为“问题青年”。当谈到自己的成长经历时，他说，“和别人比，我觉得自己最为不幸，因为我失去了无忧的童年”。

贪玩是每个孩子的天性，尤其是幼儿园阶段的孩子，更是热衷于各种游戏和玩具。可是，许多家长又担心孩子会“玩物丧志”，不时在孩子耳边唠叨，“现在少玩一会儿，多学些东西，你将来就会生活得更好。长大以后，出去玩的机会多得是”。童年时期少玩一会儿，真的可以换来长大之后的幸福吗?

答案当然是否定的。人类个体的发展如同被一个无形的时钟所指引，在不同的年龄段会有不同的发展任务，一旦错失，将会“失不再来”，很难再加以弥补。对于6岁之前的孩子而言，游戏和玩具是他们对未来生活的预演，一方面可以培养孩子的社会交往能力，另一方面可以锻炼孩子的认知思维能力。

事实上，那些尊重孩子天性，给孩子以充分发展空间的父母往往可以培养出真正的“天才”。物理学家杨振宁在谈及自己的童年时充满了幸福的回忆，他的童年是快乐、自由的，并没有书本之苦。鲁迅在他的文章“从百草园到三味书屋”里，描述了他趣味无穷、天真烂漫的童年生活。他们都很“贪玩”，却取得了令人瞩目的成就。

## 自卑的灿灿——**批评式教育不可取**

“在我的印象中，父母基本没有对我进行过启蒙教育，唯一让他们孜孜不倦的是九九乘法表。在我还没有明白乘法和阿拉伯数字是什么东西之前，就被勒令背出一一得一、一二得二……一旦背错或是忘记了，妈妈的直尺就会硬生生地打下来。虽然在强迫之下我不得不顺从父母的命令，却对数字产生了厌恶。这造成我在入学之后，最为讨厌的就是数学。”

“从小到大，母亲很少当面表扬我，即便我表现不错，她也只会笑笑。她一直灌输给我的理念是，我不是最聪明的，但笨鸟可以先飞。当我还未真正了解自己的能力之前，就被冠之以‘笨鸟’的头衔。长大之后，我有一次问她‘为什么其他父母总是觉得自己的孩子是最好的，但你不这么认为’。她说，‘我当然觉得自己的女儿是最棒的，但不能让你骄傲呀’”。

于是如我妈妈所愿，我成了一个自卑的孩子。

上面这段文字是大学毕业生灿灿对自己成长经历的回顾，在外人看来是“别人家的孩子”的她却有令人难以理解的自卑情结。在心理学中，这种表现往往被称作“没有安全感”，但追根溯源，其实和父母的教育有很大关系。从她的描述，可以非常清晰地看到父母教养方式在孩子心理发展历程中产生的烙印。首先是幼年时期父母偏于专制的教养作风，以及过于严厉的教养行为，导致了灿灿的不自信以及安全感的缺失。于是，寻求安全感、提升自信水平便成为灿灿之后发展中的关注重点，在这种目标趋势下，灿灿展现出诸多与之对应的心理与行为表现，这些表现或多或少反映了灿灿的社会适应不良。

这样的父母很常见，他们笃信“批评使人谦虚，谦虚使人进步”。那么，批评真能让人谦虚吗？显然不是，过多的批评和过少的赞扬会导致儿童的自卑心理。因为总是纠结于无法实现父母过高的目标和期望，孩子不但无法在内心深处对自己形成积极的自我认同，还会对他人的赞扬和肯定有着巨大的渴望。对于这些孩子而言，在成年之后，不管自身如何优秀，不管在事业上如何成功，在他们内心深处总是萦绕着深深的疑问：“我做得足够好吗？爸爸妈妈会赞扬我吗？”他们通常会成为那些永远无法真正品尝“成功”甜果的成功者。

## 走下云端的自我评价——**期待过高的苦果**

“在我5岁时，父母开始让我学习钢琴，虽然刚开始觉得十分勉强，但却形成了我如今沉静的性格特点，并且使我拥有了批判流行音乐的资本。更重要的是，我不仅是独子，更是大家庭中唯一的男孩，受强烈的传统价值观的影响，我被家中所有长辈寄予厚望，从小到大都在长辈各种不断加码的要求中挣扎，仿佛我所取得的所有成绩都理所应当，而所有错误都不可原谅。”

“这种观念同样产生在童年时代，虽然父亲对我非常宽容和仁爱，从不打骂，但却以‘不言之教’的方式影响着我生活的点点滴滴。一方面父母不断地给我的未来提出很高的定位，另一方面又对我的行为进行各种规定。于是，我也不由得对自身提出了很高的要求，连我自己都一度认为自己比他人优秀是必须的，这种认识不仅给我带来了很大的压力，更是我痛苦的来源之一。”

“进入学龄阶段后，我渴望得到老师的重视和赞扬，又发展了我理应高人一筹的观念。于是我在与他人的交往中处处争先，每次都要表现得比别人强。久而久之，同龄人对我的排斥越来越明显，我开始受到攻击并被孤立。但是，父母、老师对此毫不关心，他们对我只有成绩上的高要求，其余的一概不管不问这导致我陷入无助的痛苦之中。由于经常受到同学们的排挤，我内向的性格进一步加重，并使我陷入矛盾之中。我从小是个很爱说话的人，在长辈面前往往能喋喋不休地说个没完，然而由于小学里长期受同龄人排挤，我又越来越内向。在这两点的共同作用下，如今的我在陌生人面前基本无语，在朋友面前又无话不说。”

自卑情结不利于个体的身心健康，反过来，过高的自我评价也会对个体的发展产生负面效果。上文是从小自视甚高的阿明对自己成长历程的回顾，清晰地剖析了在父母高期望之下，阿明表现出了过高的自我评价，而这种过分的自我优越感，直接导致了阿明在学校生活中的人际交往障碍，在多次碰壁之后，阿明逐渐开始正视自我，给自己重新定位。

阿明的案例也清晰地展示了儿童自我评价的形成过程，那些在早期有过多成功体验的孩子通常会有超越大众的自我评价，然而，生活中实实在在的体验又会使他们逐步回归现实，开始客观地审视和反省自我。

如何恰如其分地评价孩子，不打击，也不过于肯定，是每位父母值得斟酌的教养实践。要知道，对孩子的过分严厉和贬低会导致孩子出现自卑心理，但物极必反，不切实际的过度赞美也会导致孩子对父母的夸赞心存怀疑从而引起自卑和猜疑。因此，在生活中父母要尽力避免对孩子能力的直接评价，而转为对孩子具体行为的评价。比如当孩子取得成绩时，告诉孩子是因为他勤奋认真的原因，而当孩子失败时，告诉他是由于他没有足够努力、态度马虎，从具体行为上进行因果分析更有助于孩子行为的改进。

## 不同孩子的教育窍门——**因材施教**

根据孩子不同的学习方式，心理学家把儿童划分为四种类型。采取适合他们各自特点的教育方式，将会收到事半功倍的效果。

★规矩的孩子

这种孩子往往做事较有耐心，且有条不紊，一般在小学时期成绩较好。他们的缺点是做事速度较慢，有时候思维缺少灵活性。因此，父母应经常给他们提供一些训练速度与灵活性的机会，如进行“脑子急转弯”“限时任务”之类的游戏。

★邋遢的孩子

与规矩的孩子相反，这种孩子的作业往往不整洁，用过的书本总是残缺不全。他们一般喜欢按自己的意志做事。这类孩子的长处是富有创造性，做事速度快，且往往智商较高。他们的缺点是做事不够耐心，缺乏条理。对待这种孩子，可以让他们学习绘画、音乐等，同时着力培养他们做事的条理性。

★乐群的孩子

这类孩子的情商较高，善于察言观色，容易理解他人的意图，并乐于助人。在小团体中，他们总是深受欢迎。他们的特长是善于与人交往。但这种孩子的兴趣往往容易转移，当几个人一块儿学习时，他们的效率往往较高，适合“集体活动”，不喜欢“独立工作”。

★好动的孩子

这种孩子往往“坐不住”，正因为如此，家长对他们赋予了更多的关注与担心。但现在有些专家认为，“运动是走向学习的大门”。运动使人放松，放松时有利于大脑很好地接受新东西。孩子在学校里活动的机会太少，因此好动的孩子应该有适合他们的生活节奏。放学后应允许他们好好地玩，而不是一放下书包就让他们写作业。只有为好动的孩子提供更多的体育活动和游戏，才能消解他们思想不集中的毛病。

## 提示的作用——**父母的“支架式”帮助**

孩子在学习各种技能时通常会经历不同的思维发展阶段，那种希望孩子一步入门、一蹴而就的想法显然是不符合规律的。

在孩子的学习中，父母应该充当一个什么样的角色呢？为了更为有效地帮助孩子成长，在孩子的学习中，父母最好充当“支架”的角色。也就是说，父母就像支架一样，当孩子需要的时候，帮助孩子指引方向，同时给孩子一定的支撑，让孩子迈向新的高度。

比如说，让一个 4 岁的孩子整理一屋子的玩具，她一脸茫然不知道该如何下手。这时候，父母可以给予提示，“先把动物玩具收到一起吧”。接下来呢，当孩子把动物玩具堆到一起，不知该如何处理时，父母可以进一步提示，“把软软的毛绒动物放在这里，把硬硬的塑料动物放在另外一边……”在父母“支架式”的帮助下，儿童的许多能力也就循序渐进地发展起来了。

PART 7

# 你的孩子为什么这样做

## ——行为问题的根源

当孩子出现问题时，通常不是孩子本身的问题，而是家长出了问题。孩子是一面镜子，孩子的行为问题反映的是家长各种不恰当的教养模式。

## 孩子怕黑怎么办——**克服恐惧感**

3岁的小新害怕一切会发声的玩具，家中会发声的娃娃、小车都被搁置一边。圣诞节到了，幼儿园门口新增了一棵圣诞树，旁边站着边唱圣诞歌边摇摆的仿真圣诞老人。许多小朋友进幼儿园时都兴奋地瞅着圣诞老人又笑又跳，小新却吓得不敢经过。好不容易被妈妈拉着手走进幼儿园，小新一路闭着眼睛不敢睁开。快放学时，幼儿园老师问，“小新，你这么害怕圣诞老爷爷，放学时怎么从他身边走呢？”小新眨了眨眼睛，认真地说，“我要从窗户中飞出去！”

不仅儿童，成人也会有许多感到恐惧的事物，这是人类自我保护的本能。但是，当一个人（尤其是孩子）感到恐惧的事物过多，又常常没有具体原因时，这种恐惧感便会影响他的正常生活，严重的还会导致一系列心理疾病。

对于儿童的恐惧感，家长通常有以下几种反应：奚落——“不要这么胆小”；强制——“过来，摸摸这只小猫，它不会抓你的”；逻辑说服——“那是电影上演的，世界上哪有什么妖怪”或根本不加理会。事实证明，父母的这几种方法没有一种是有效的，相反，还可能会加重儿童的恐惧。

父母可以尝试用以下几种办法帮助儿童克服恐惧感。

### ★亲自实践

当大人一边解释，一边用实际行动证明儿童的恐惧是多余的时，常常能帮助儿童克服恐惧。如当帮助一个害怕黑暗的孩子克服恐惧感时，父母可以把房间里的灯熄灭，然后把一个皮球滚进去。父母可以一边向孩子保证房间里是安全的，一边陪同他进去拿球。几次之后，孩子的胆子就会大起来，敢独自去不开灯的房间里拿皮球了。经过反复训练之后，儿童一般可以克服对黑暗的恐惧。

### ★模仿示范

对别人行为的模仿也能有效地帮助儿童克服恐惧感。如对待一个怕狗的孩子，父母可以让他观看另一个与他年龄相仿、毫无恐惧感的儿童高兴地和狗一起玩的情景。这样观察几次之后，相当一部分的孩子不再像以前那样害怕狗了。

### ★系统脱敏法

这种方法通过循序渐进，逐步使孩子接触他所害怕的情境，从而系统地克服恐惧感。如对于一个怕猫的孩子，可以先让他看照片中的猫；等适应后，再让他远远地看真实的猫；逐渐地，可以离猫越来越近，并在妈妈的陪伴下碰一下猫；最后可以自己摸猫，直至敢独自和猫一起玩。通过这种渐进的过程，使孩子逐步摆脱对猫的恐惧心理。

★画画法

让孩子把自己所害怕的东西画出来，同时把自己战胜这些恐惧的方法也画出来。例如，让孩子把自己画成勇士，拿着大棒、长枪、大炮等武器，去对付对方。孩子画得越有激情越好。通过图画，孩子可以把自己的恐惧发泄出来，从而达到缓解内心紧张情绪的效果。

★表演法

通过让孩子表演编排的小话剧，使其克服恐惧感。在家里表演时，道具要简单：几把椅子、几个娃娃就可以了。家长可以同孩子一起表演，如果孩子不愿意，就先让孩子做观众，家长表演。当然，最理想的情况是孩子自己表演，其他人做观众。在表演中，让孩子说出自己心中最害怕的东西，然后表演战胜它们的办法及最后取得的胜利。

## 有收藏癖的孩子——**感官发展受阻**

3岁的晓晓对收藏物品有着强烈的兴趣。在她的玩具房里，除了爸爸妈妈给她买的各式玩具，角落之中还藏匿着一些生活中不用的物品，如妈妈用完的唇膏盒子、爸爸的各种名片夹子，还有花花绿绿的礼品袋子。其中的不少物品对晓晓而言毫无用处，她对这些物品也并不感兴趣，但她还是执着地守护着这些“宝物”。

晓晓对家中物品的关注有时甚至让妈妈吃惊。一次，家中新买了一箱核桃。爸爸妈妈带着晓晓下楼时，迎面碰到一个陌生的叔叔往楼上走，晓晓顿时狂哭不止，“呜呜……他要去我们家把核桃箱子拿走……”

在成人中，有类似葛朗台的恋物狂。在儿童中，我们也可以发现一些以敛物为乐的“小小收藏家”。这些孩子有两种表现。一种是明抢型，看到自己想要的东西便不顾一切地去与他人争夺，即使因此毁坏物品也在所不惜，丝毫不会让步。这种孩子常挂在嘴边的一句话是“我要……”虽然在很多时候，这些东西对他们而言并无任何价值。另一种为暗藏型，这种孩子的性格较为沉默、内向，他们不会高声叫嚷，不善争吵，通常也不跟他人对抗，但会默默地收集物品。他们往往没有特定目的，收集的东西五花八门，相互之间毫无关联，而且许多物品对他们而言毫无用处。他们会竭尽全力地保护自己的物品，时刻提防别人抢夺。

这两种类型的“小小收藏家”都是不正常的，他们的行为都被聚敛物品的欲望所支配，从而使心理偏离了正常发展轨迹。心理学家指出，年幼的儿童具有一种使用自己多种感官的自然倾向，他们热爱周围的环境，并主动在环境中寻找自己所喜爱的活动，通过活动获得能够促使自己精神发展的滋养品。如果儿童不能在环境中找到自己所喜欢的活动，不能被那些有助于自己发展的活动所吸引，那他就会被“东西”所吸引，并且渴望拥有它们。儿童的心理能量也由此转移到了物品上。然而，拿取某物并把它收藏起来是很容易的，并不需要知识与爱，儿童心理的正常发展由此会受到阻碍。这种以敛物为乐的孩子，长大之后，在很大程度上会发展成个性贪婪的成人。因此，当看到自己的孩子漫无目的地大肆收藏物品时，父母一定要留心，把孩子的注意力引向有益的活动。

## 什么也不喜欢的潇潇——**发现兴趣**

潇潇今年3岁，刚上幼儿园。她家庭富裕，父母对她的要求总是有求必应，她有别人所没有的各种各样的新式玩具、五颜六色的名牌衣服。在她眼里，没有什么东西是自己不能得到的。

到幼儿园之后，令别的孩子入迷的玩具却引不起她的兴趣。看到别的孩子兴致勃勃地玩某种玩具时，她也会跑过去争着玩，但很快就厌倦了，把玩具扔在一边，再去抢其他孩子的玩具。几分钟后，她又拿了一个新的玩具……就这样，她频繁地换着手中的玩具，但是没有一个能真正引起她的兴趣。

不仅玩玩具如此，孩子们玩的游戏也很少真正引起潇潇的兴趣。她一会儿抢着扮演小熊妈妈，一会儿又堆起了积木……但是，她没有一项活动能坚持5分钟。就像摘玉米的小猴子一样，潇潇总是找不到自己最喜欢的活动。就这样，潇潇总是在幼儿园的小朋友中间来回穿梭，忙个不停，又无所事事。当别的小朋友专心致志地玩时，她总是在旁观。

直到有一次，幼儿园老师拿着蓝色和黄色的积木各一块，教小朋友辨认积木的颜色。平时对什么都漫不经心的潇潇对此表现出了极大的兴趣，一节课下来，她总是高举着小手抢着发言。结果，在短短的时间里，她认识了5种颜色。此后的几天里，潇潇忽然对自己过去从不感兴趣的玩具产生了兴趣，并努力去辨认玩具的颜色。逐渐地，她喜欢上了这些玩具，也开始投入与别的小朋友的游戏了。

上文中潇潇的表现，在不少孩子身上都可以看到。这些孩子无所事事般忙碌的背后，其实是兴趣的缺失。从潇潇身上，我们可以看到兴趣的重要性。一旦儿童发现了某种自己感兴趣的东西，他们就会改变原来的不稳定性，并且聚精会神投入其中。因此，作为父母，为了孩子更充分地发展，一定要认真去观察、挖掘儿童真正的兴趣所在。

父母可以经常找专门的时间陪伴孩子，与孩子一起玩设定好主题的游戏。除了跟游戏主题有关的道具，其余玩具全部收起来。父母帮助孩子体验一个完整的游戏过程，并让孩子参与其中。比如，跟孩子说，我们今天玩与树叶有关的游戏。那么，父母可以从选定树叶到游戏规则，以及游戏过程，都让孩子参与其中，并随心所欲地玩，除了危险因素，不过多限制孩子的行为，让孩子充分发挥主动性。在游戏过程中，父母全身心投入其中，用神情和动作展示自己很享受游戏过程。为了增加游戏的趣味性，最后还可以设置成果评比，比如通过树叶拓印、树叶摆型等玩法比比谁的创意好。这种做法，一是可以发现孩子对哪类游戏更感兴趣，二是让孩子体验游戏的乐趣。

此外，父母要学会挖掘孩子的真正兴趣。潇潇对玩具不感兴趣，却对辨认颜色的积木游戏感兴趣。由此可见，虽然对各式新鲜玩具司空见惯，难以产生真正兴趣，但潇潇对涉及玩具背后的知识还是很有热情。这就提示父母，可能对潇潇而言，她目前更感兴趣的是需要更多思维投入的智力类游戏，因此可以考虑给孩子提供更多益智类的游戏来提高孩子的参与热情。

## 黏人的叶子——**玩具过多的危害**

叶子今年3岁，是个特别缠人的孩子，整天跟着爸爸妈妈，即使是在家里，也寸步不离。虽然她有许多玩具，可还是一直缠着父母陪她玩。叶子到底有多少玩具呢？“她的房间里堆满了玩具，但她就是不肯自己玩玩具，总要我们陪着玩。我们很担心她将来的独立性。”叶子的爸爸介绍说。

上文中叶子的情况在很多成年人身上也会出现。叶子过分黏着父母，是因为周围环境中过多的玩具让她无从选择，难以找到足够吸引她注意力的物品。在这种情况下，最好的做法便是进行“断舍离”，当把可有可无的繁杂物品从环境中抽离出去时，孩子便可以更好地投入自己感兴趣的事物中。

首先，父母可以对叶子房间里的玩具进行筛选整理。把那些不适合叶子玩的玩具（如结构过于复杂、材质不太好或孩子不能直接参与的）清理出去。这样，房间中的玩具就只剩下了一小部分。然后，再买一些让孩子能够直接动手参与、可以发挥他们的想象力与创造力的玩具，比如积木、拼插玩具等。

另外，在保证孩子安全的前提下，给孩子打造一个自由活动的空间。比如，在家里开辟一块尽可能大的区域，并铺上地毯，让孩子可以自由地游戏、玩耍。在活动的时候，不要因为非原则性的问题经常对孩子下禁止命令。

过一段时间，父母也许会惊奇地发现，孩子开始着迷于自己的游戏，专心致志地拼搭积木，不会寸步不离地缠着大人了。生活中那些类似的过分黏大人的小孩，往往是因为没有找到自己真正感兴趣的事物，而父母需要做的，便是去伪存真，帮助孩子挖掘自己真正的兴趣点。

## 迟迟不开口说话的乐乐——**语言能力引导**

乐乐是个4岁的孩子，大大的眼睛，虎头虎脑的。可他说话却含混不清。据他父母介绍，乐乐将近3岁才会说话。在这之前，他什么话都能听懂，但就是不愿意开口讲话，只是通过手势和父母交流。而父母呢，虽然心里有些着急，也并没有采取措施强迫他讲话。等到乐乐突然开始讲话之后，他父母发现与同龄的孩子相比，乐乐的口齿有些不清，几乎发不出来“L”这个音。这时，他父母才开始着急起来。另外，据他父母介绍，乐乐的动手能力特别强，特别是对于机械、计算机等东西，一看就会用，特别有灵性。

在智力发育正常的孩子中，我们常会发现这样的情况，语言能力发展较弱的孩子，逻辑思维能力往往发展得比一般孩子要好，两种能力的发展有时候不平衡。世界上一些著名的科学家，如爱因斯坦，就属于这种情况。爱因斯坦到3岁才会说话，但他抽象思维方面的杰出才能却震惊了全世界。不过父母还是应该意识到，类似爱因斯坦这样的天才人物还是屈指可数，绝大多数孩子都是普通的。口齿不清严重的话会影响孩子与他人的正常交往，进而影响自信心的建立，因此，父母仍要给予充分的重视。父母应该做的乃是取长补短，在积极培养孩子逻辑思维能力的同时，要努力提高孩子的语言水平。怎么提高孩子的语言水平呢？

首先，拒绝用手语与孩子进行交流。在孩子几个月时，就应该用语言和他交流，让孩子多接受语言刺激。当孩子试图用手势表达自己的意图时，父母尽量不要理会。

其次，观察孩子哪些音节发不清楚，刻意进行这方面的训练，如多找一些含此音节的词汇，让孩子进行练习。

最后，父母应该意识到，3 岁之前是孩子语言发展的关键期，错过了这个阶段，往往会事倍功半。因此，对孩子的语言训练越早越好。

等孩子稍大一些，父母还可以增加家庭亲子阅读时间，通过大声朗读、讲故事等途径来提高孩子的语言表达力。

## 有攻击行为的小洪——**规则的缺失**

小洪上幼儿园中班，爸爸是大学老师，妈妈工作比较忙，家中没有祖辈帮忙照顾。在没有进入幼儿园之前，小洪在美国生活。小洪的父母崇尚西方的教育理念，平时会给孩子更多的自由空间。

小洪大部分时间是由爸爸照顾，妈妈虽然平时工作比较忙，还是会尽量多陪伴孩子。小洪的妈妈个性温和，对孩子的教养方式比较民主，会委婉地指出孩子做得不好的地方并帮助他一起改正。爸爸是个严厉的人，对孩子的教育方式简单粗暴，做得好就表扬，做得稍有不好，马上勒令孩子回小房间反省，甚至动手打孩子。

小洪性格有些内向，是一个内心充满爱的孩子，知识面很广，也具有探索的精神。但是他非常调皮，常常伴有攻击性行为。对于自己想要的东西，他会通过抢夺的方式拿到手。刚开始他只是抢，随着年龄增长，同龄人学会了保护自己的东西，他为了拿到想要的物品，甚至开始出手伤人。有时候小洪并不是想要得到某种东西，而是想制造某种效果。例如，有时走楼梯，他会推前面的孩子，直到孩子告诉老师。但是老师教育他之后，他的行为并没有真正收敛，而是更加隐蔽。有时在老师指出他的错误行为后，他就一个人躲进厕所不出来……

小洪还会不时做出一些危险的行为。比如在集体活动时，他曾带领几个孩子离开老师的视线，去其他地方“探险”，差点发生意外事故……

本案例由陈冰讷老师提供

上面案例中小洪的问题表现属于行为缺乏必要的规范，由此导致其过多的攻击行为。爸爸虽然崇尚西方的教育理念，但开放式的教养模式并不等同于对孩子行为的过分放任和纵容。事实上，不管西方还是中国文化，最为理想的教养模式都应该是在对孩子行为进行必要控制的基础上，再给予有限度的自由。

那么，如何给孩子培养规则意识呢？对孩子而言，规则就是一些小红线，告诉他们人与人相处时，有些小红线是不能碰的。比如说，别人的东西不能随便拿，这就是条小红线，必须征得对方同意后才可以拿过来玩，如果直接抢，那就越过小红线了，就要受到惩罚。还可以告诉孩子，“安全”也是条非常重要的小红线。凡是可能危及别人或自己安全的事情，一定不能做，比如打人、玩危险游戏，这些都是越过了小红线必须受罚的行为。通过具体的事例，告诉孩子哪些是不能做的小红线行为，让孩子逐步建立规则意识。对小洪所表现出的问题行为进行矫正的直接途径便是通过设立具体而严格的规则，加强对他行为表现的监管力度。

如果孩子越过了小红线，那么就需要他在自己的能力范围内，身体力行地去承担后果。这里的承担后果不是一句简单的“对不起”，而是实实在在地解决问题。比如，一个 4 岁的小女孩跟着妈妈去银行办业务，在门口领号码牌的自助机上按着玩，自助机里吐出来一长串的号码纸。妈妈发现后，立刻严肃地告诉女儿这样会导致柜台工作人员多叫十几个空号。于是让女儿站在取票机旁边按照顺序把每张号码牌发给前来取号的顾客们，直到全部发完。女儿眼泪直流，但妈妈没有心软。“对结果负责”会让孩子意识到自己行为的后果，并迅速培养起责任感。

## 内向敏感的琪琪——**不同的气质类型**

琪琪是幼儿园中班的男孩，上学由爸爸接送，爸爸对琪琪有求必应，态度温和。送琪琪到幼儿园时，有时候琪琪已经进去了，爸爸还要回头看看，导致琪琪情绪经常反复。妈妈对于琪琪也是以鼓励和表扬为主。

琪琪性格比较内向敏感，在别人不关注的时候他才能够自由轻松地游戏，一旦受到大家的关注他就感觉不自然。比如，早上来幼儿园后，琪琪在教室东看西看，一直没有找到想要玩游戏的地方，其他小朋友过来说“一起玩过家家怎么样”，琪琪也不回应。过了一会儿，爸爸来帮琪琪放书包，琪琪看到爸爸就开始哭了，一直吵着要回家。老师拉住琪琪，请爸爸快点去上班。琪琪这才肯进教室，但是情绪明显不好。

琪琪终于有了一个好朋友，两个人每天一起上学、放学，关系很亲近。一天，俩人正在玩玩具，旁边又来了一个好朋友，琪琪马上就搬着椅子坐到自己的位子上去了，等另一个小朋友走了才继续游戏。

本案例由万欣老师提供

儿童的先天气质特点各不相同，其差异主要表现在神经活动强度和稳定性上。依据琪琪的表现，他的气质类型应该属于抑郁质和黏液质的混合，更偏向于抑郁质。这种孩子的典型特点是神经活动强度比较弱，易于受环境的影响，情绪多变，内心敏感细腻。

先天气质类型的不同在很大程度上决定了儿童在人际交往中的行为表现。琪琪这样的孩子虽然很难被塑造成开朗主动的社交活跃分子，父母应该顺势利导，在先天气质特点的基础上引导孩子更好地适应外界环境。在家庭环境中，琪琪父母对孩子采取宽松鼓励的养育模式，这种做法是适合琪琪本身气质特点的。但是，人际交往能力在很大程度上取决于后天环境，同气质类型之间并无直接关系，那些属于抑郁型气质的孩子可以有良好的人际交往能力，而那些多血质（性格外向且情绪稳定）的孩子也可能在人际交往中出现各种适应问题。

琪琪的父母在呵护鼓励孩子之余，应该有意识地多创造机会让琪琪和同龄人交往，有意识地培养孩子的社交能力。即使孩子先天具有胆怯、敏感的气质特点，在后天环境的塑造下，仍然可以有良好的环境适应力。另外，在时机的把握上应该越早越好，因为 6 岁之前是儿童社交能力发展的重要时期。

## 没有主见的5岁孩子——**避免“选择盲”**

木木的妈妈经常感到困惑，“我们家的孩子都5岁了，可还是没有一点儿主见：给他讲故事，他不知讲哪一个好；让他吃早点，他不知道自己喜欢吃什么；给他买衣服，他也不说哪个好看；带他去游乐园，他又纠结是玩旋转木马还是玩蹦蹦床。真担心这样的孩子长大后会没主见”。

木木成为“选择盲”背后的原因其实很简单：父母给他的选择太多了。假如只有一本书、一件衣服、一种早餐、一种玩具，那他又怎么会有不知如何做出选择的纠结？

对于有选择障碍的孩子，父母首先要注意自己的言行。仔细想想自己在进行选择时，是否也总是犹豫不决，怕出错误，从而把难题推给了孩子？其次，父母要尽量减少孩子的选择余地。例如，在早餐时，就直接说“今天我们吃鸡蛋和面包”，而不必问孩子“咱们今天吃什么好”。在给孩子讲故事时，直接说“我现在给你讲‘丑小鸭’的故事”，不需要事事征求孩子的意见。这样做，不仅在孩子心中树立了父母的威信，也使得孩子不必为选择而大伤脑筋，还给孩子提供了做出决定的榜样。要知道，孩子的绝大多数行为都是模仿来的。当父母做事有主见，不因为小事而犹豫不决时，孩子自然也会在面临选择时表现出明确的想法和偏好。

有一部分孩子之所以出现选择困难，是因为父母在孩子选择时的频繁否定造成的。比如，孩子小时候做的决定被父母频繁否定，“做得不好”“这俩颜色不搭”“这样就全错了”。久而久之，孩子不知道自己错在了哪里，在成长过程中渐渐形成了选择困难的性格特点。这种情况反映了孩子的自信心不足，父母在生活中应多给孩子选择的机会，并尊重孩子的选择，尽量做到不随意插手孩子自己的问题。在适当的时候，多给孩子支持和鼓励。

## “妈妈，我学不会”——**行为退缩的根源**

小叶的妈妈经常流露出对孩子的担心，“我的孩子信心不足，面对新情况总想退缩。做事一旦失败，就不愿意再次尝试。例如，写作业的时碰到难题，她总是说，‘我做不出来，我不会做’。任凭我们怎么鼓励，她总是不相信自己能做出来，不愿意自己动脑筋。让她学骑自行车，只学了一天，摔了一跤，就没信心了，‘妈妈，我学不会’。想让她学溜冰，她总是往后退，说自己‘学不好’。我们越鼓励，她就越不敢尝试”。

其实，与其说以上情况是因为孩子的胆子太小、没有信心，不如说是因为家长的过分关注、干预引起的。孩子在成长的过程中，确实会遇到困难，但这个时候，需要孩子自己独立去面对。如果家长过多地参与孩子的生活，当遇到困难时，父母比孩子还着急，这时，虽然父母的意愿是好的，想去鼓励、帮助孩子，结果却往往适得其反。这时的孩子，不仅要面对自己的挫折感，还要承受父母的焦虑，因此，内心的压力更大了。

父母的鼓励在无意识中阻碍了孩子自己的思考，使得孩子不能以自己的方式面对挫折。所以，这时候孩子的拒绝其实是对父母过分干涉自己的一种反抗。因此，当孩子做某件事时，父母最好放开手脚，让孩子自己去处理。当孩子遇到困难向父母求助时，父母要做的就是耐心地听孩子诉说。当孩子确实需要父母发表看法时，父母可以对孩子说，“干什么事都可能会遇到困难，如果你觉得自己确实尽了最大努力，那不妨先停一段时间再说”。

总之，在孩子自己的活动中，父母不能让自己的情绪影响孩子，而应该给孩子一个自由抉择和思考的空间。

## 答非所问的孩子——**多动背后的秘密**

张明今年刚上小学，看起来很机灵。他的妈妈带着他一起来做心理咨询。在咨询师与他妈妈谈话的过程中，他大大的眼睛总是忽闪着左右看，手一会儿抓抓衣服，一会儿掏出零食嚼个不停，嘴巴也一刻都不停。他妈妈介绍说，张明是个特别爱动的孩子，不仅在家里，在学校里上课时也一刻都不消停。

咨询师问了他几个问题，发现他经常出现答非所问的情况，下面是他们之间的对话：

“你喜欢上学吗？”

“喜欢。可是我不聪明。”

“你为什么不聪明？”

“我头小，头大的人才聪明。我们班的刘涛，头特别大，所以他就特别聪明。”

“你喜欢什么？”

“我喜欢动画片，动画片里的……”接下去，他就自顾自地讲了起来。

后来，他妈妈的一段话揭示了问题背后的真正原因。“这孩子，小时候得了一场病，后来一只耳朵就失聪了。因此，我们特别疼爱他，总想尽办法满足他的各种需求……”

原来，张明多动的真正原因是听力有问题。听力的部分丧失，使孩子从外界接收的信息过少。一方面，他会以多动作为弥补，寻求更多的外界刺激，另一方面，由于缺乏与同伴及他人的正常交流，使他养成了答非所问的习惯。

那么，怎么对待这种孩子呢？当然，首先父母要针对孩子的听力问题进行矫治，或者通过助听器之类的设备让孩子的听力达到正常状态。最为重要的一点，是父母要尽量给孩子提供足够多的积极刺激，使孩子从外界接收更多的信息。例如，父母可以多给孩子讲讲故事、听听音乐以及适当增加视觉上的刺激。

当发现孩子多动时，一定要观察一下，孩子多动的根源到底在哪里？通常而言，孩子的多动或者是对需要做的事情不感兴趣，这种情况下可以挖掘孩子的兴趣点；或者是身心发育不成熟，专注力还没充分发展起来，对于这类孩子来说，随着身心的发育，多动症状通常会逐渐消失；或者是感官方面存在障碍。当排除上述所有原因后，才可以归结到多动症（注意缺陷多动障碍）。

## 无尽的完美——**适当忽视**

林林刚上小学，很爱学习，也很好胜。每天吃过晚饭后，她自己写作业，妈妈在一边干自己的工作。可是，妈妈发现，林林对自己要求特别高，每次写作业时，都反复修改三四遍，可最后，还是不停地抱怨，“我真笨！我写得太糟糕了！”其实，在妈妈眼里，她的作业已经写得相当不错了。可是，每次妈妈越安慰她，她就越抱怨自己。在学校里，却没听老师反映过这种情况。

在生活中，我们往往听到父母抱怨自己的孩子不好好学习，不求上进。然而，也有另外一些孩子，由于对自己要求太高，总是无穷尽地追求完美。在林林的眼里，自己开始了一种新的生活，成为一名小学生，因此，她想努力做得最好，获得老师与父母的称赞。所以，她正面临着一定的压力。但在学校里，老师的注意力要分配给每个学生，因此，她那种过分追求完美的本性就没有暴露出来。而当在家里独自与妈妈一起时，她就成了妈妈关注的焦点，于是就开始了上文近似神经质的挑剔行为。

像林林这样的孩子，确实有许多值得父母夸奖的地方。但为防止以后难以抵抗重大挫折，父母应适当地帮她减减压，改正她过分追求完美的行为，帮助她树立切实可行的目标。当她写作业时，妈妈不要和她在一起，让她知道妈妈不太关注她的行为；当她遇到明明能够自己解决的问题，却要妈妈过去帮忙时，妈妈可以告诉她，“相信自己，你可以做好的”；在做作业时，给她限定一个时限，如 1 个小时。时间到了之后，不管她是否写完，都要求她停下来，避免她对自己的作业反复修改。以后，当孩子再抱怨自己做不好功课时，妈妈可以对她说，“我不愿意听你的抱怨，我相信你能够做好”。一旦失去了听众，孩子也就不会总是对自己的行为挑剔了。

从心理学的角度推测，林林这种对自己近乎苛刻的高标准也可能源自父母对孩子过高的期望。父母的高标准导致孩子无意识地给自己设置过高目标，并且常常由于自己无法达到内心的完美标准而沮丧和自责，由此导致强烈的挫败感。在这种情况下，父母应该做的便是适当降低对孩子的期望，更大程度地接纳孩子的各种不完美。

## 孩子的“小聪明”——**理性对待撒谎**

“我的孩子今年7岁了，以前，他是个特别听话的孩子。可是现在，我却发现他开始撒谎了。昨天，明明是他趁我们不在家，把家里的计算机给弄坏了，可他就是不承认。你说，孩子是不是学坏了？”

许多父母发现，在七八岁时，原本听话的乖孩子开始撒谎。孩子小时候认为父母似乎无所不知，父母就是权威。可是，随着年龄的增长，特别是上小学之后，孩子开始怀疑父母的能力。这时，父母的权威已由老师代替。因此，这一阶段的孩子有时候会在父母面前耍耍小聪明。但是，不能由此就认为孩子学坏了，这只是大多数孩子发展过程中的一个阶段性表现而已。

此外，孩子撒谎的原因也可能是平时父母对自己错误的反应太严厉，导致孩子因为害怕父母的过激反应而不得不撒谎。在这种情况下，父母应该反省自己的管教方式，通过理性的途径处理孩子的错误行为，而不是不分青红皂白地大发脾气。

虽然如此，父母还是应该及时阻止孩子这种行为的进一步升级，不给孩子留撒谎的机会。当父母发现孩子做错某件事时，不要询问孩子“这事是你干的吗”，而要以肯定的语气对他说“这个花瓶是你打碎的，你要把这些碎片收拾好”，不给孩子留狡辩的机会。下次，他再做错某件事时，或许就要考虑一下自己是否能瞒得住父母了。

有的父母可能会担心，如果冤枉了孩子，会不会对孩子造成伤害？当然，在父母指出孩子做错了某件事之前，要有确切的证据证明是他做的。这样的话，父母判断失误的概率就会大大减小。

## 爱咬手指的孩子——**心理疗法**

小萱今年10岁，她从上幼儿园开始就经常咬手指头，有时候几乎会咬出血、咬掉指甲，手指皮肤也不正常。小萱的这种行为持续了好几年，时好时坏，到了小学还是如此。虽然她很喜欢学校生活，但无聊的时候就会咬手指。在小萱三年级的暑假，她基本没有再咬手指，手上皮肤也快恢复了。可从四年级开始，妈妈发现她的手指又开始泛红，弹钢琴时老师发现她手指出血，才知道她又开始偷偷咬手指。

类似小萱这样经常咬手指或指甲的孩子并不少见，有的孩子是因为内心没有安全感，咬手指只是其内心焦虑的一种外化，有的孩子则是由于小时候养成的不良习惯。心理学家弗洛伊德认为，0~2岁的孩子处于口唇期，如果孩子的吮吸需要在这个阶段没得到充分满足，则容易在以后形成咬手指的行为。

很多父母也想了一些办法来解决这类问题，如让孩子弹橡皮筋、在孩子手上涂辣椒等。但效果往往因人而异，并不能对所有孩子奏效。心理学家提出一种“满爆疗法”用于治疗这种问题。每天找出半小时或 1 小时的时间，专门让孩子坐在那里咬手指，直到他咬得不耐烦、感到厌恶为止。进行几次后，会发现孩子能够忍受咬手指的时间开始变短。到最后，他会对咬手指这种行为感到非常厌恶。此时，他的这种坏习惯也就不治而愈了。“满爆疗法”可以用于治疗孩子的多种上瘾行为。对有些孩子而言，此法可以起到很好的疗效。

除此之外，还有一种因果相倚疗法，认为孩子之所以出现诸如咬手指之类的问题行为，背后的深层原因是希望以此获取父母的关注，因此父母对此的紧张、呵斥、指正之类的反应恰恰如孩子所愿，并且正是造成孩子咬手指的真正原因。按照这种观点，父母应该以一种顺其自然、无动于衷的态度对待孩子的咬手指行为，这样持续一段时间后，孩子的行为一般会好转。

PART 8

# 怎样做理想的父母

## ——家长的教养模式

孩子的很多行为其实都源自家长的教养模式。理想的父母教养模式应该是充满关爱的家庭氛围、明确的行为标准以及关爱与控制相结合的松弛有度的民主型教养模式。

## 和蜗牛一起散步——**保持足够的耐心**

3岁的小纹在穿衣服时，一会儿伸错了袖子，一会儿找不到另一只袖筒，好不容易把衣服穿到了身上，扣子却系得颠三倒四，成人一两分钟就能做好的事情，她翻来覆去用了10分钟。

2岁多的小彬端着一杯水，小心翼翼地从厨房向客厅走去，短短几米的路程，他紧张地走了几分钟……

在养育孩子的过程中，类似的场景非常多。那么，在这种情况下，父母是应该耐心地作为旁观者，还是要亲力亲为地为孩子做好一切呢？答案肯定是前者。儿童不仅有着与成人截然不同的思维方式，在行为上的许多表现也让成人感到难以忍受。成人轻轻松松就可以做得又快又好的事情，儿童却要花费成倍的精力与时间，结果还不尽如人意。在行动的节奏上，成人与儿童之间存在着巨大的悬殊。

有些父母没有足够的耐心等待，他们往往会越俎代庖，给孩子穿衣服、梳头，用尽可能快的速度来处理好这些他们眼里的“琐事”。这是人的本性，当看到别人的节奏与自己不同时，会感到痛苦，并试图改变他人的节奏。

然而，当成人以自己的行动代替儿童的行动时，并没有满足儿童的心理需要，而是阻止了儿童自由地行动，成为儿童自然发展的最大障碍。心理学家指出，给儿童不需要的帮助，是儿童在发展中经历的第一个压制，这种压制会给儿童的发展带来许多不利的影响。曾经有个男孩，16 岁了还不能用筷子夹菜，不会自己洗头，蚊帐里进了只蚊子还要喊妈妈来帮忙……为什么会这样呢？按照爸爸的介绍，因为觉得孩子做不好，所以从小到大，男孩的生活琐事全部由妈妈和外婆包揽，所以，他也没有任何机会按照自己的节奏去学习做事情，只能衣来伸手、饭来张口。因此，当看到孩子笨拙地做某事时，父母千万不要替孩子去做，而应耐心地说，“孩子，你慢慢儿来！”要对孩子保持足够的耐心，就如同与蜗牛一起散步。

## 表扬的误区——**赞扬要得当**

“小晨真了不起，能自己穿衣服了。”“小晨真能干，画得像真的一样。这是妈妈见过的最漂亮的小房子”……几乎每天，小晨的妈妈都这样充满感情地赞扬自己的孩子，仿佛他是世界上最棒的，虽然有时候孩子实际上做得并不好，但是小晨的妈妈相信，“夸赞才出好孩子”。

心理学家做过这样一个实验：他们将一群孩子分成两组，让他们分别在两个房间里做一些手工制作。其中一组在做的过程中，实验者对孩子们大加赞扬，“你做得真好”“你真棒”，并不时地把他们的作品举起来，让别的孩子看，同时还对这些作品进行了高度评价。而另一组的实验者却很少赞扬孩子，他们在一旁忙着自己的事情，偶尔过来询问一下是否需要帮助，当有的孩子拿着自己的成果兴高采烈地跑过来寻求表扬时，他们也只是给一些诸如“好好干”“乖孩子”“做得不错”之类的话语。

第二天，实验者又把两组孩子分别带到先前的房间里，让他们自由玩耍。结果发现，第一组的儿童大都去玩别的游戏，很少有人去做手工；而第二组的孩子很少玩别的游戏，他们中的许多人都兴致勃勃地进行着手工制作。从这个实验中我们可以看出，过多的赞扬会带来消极的后果，并且导致孩子对被赞扬行为的回避。

总之，过多的赞扬会产生以下负面作用。

第一，增加孩子的挫败感。年龄小的孩子，由于心理不成熟，不可能对自己有较为客观的评价，他们自我认识的形成往往依赖于成人的评价。父母过多地赞扬会使孩子对自己形成不切合实际的过高评价，认为“我是个了不起的人”。而一旦接触实际，现实与理想的差距又会使他们产生挫败感。这种结果刚好与父母的初衷相违背。

第二，使孩子过分依赖外部评价，从而降低内部的动力。受到太多赞扬的孩子，往往会形成一种对外部称赞的过分依赖，一旦失去这些外界的赞赏，他们也就失去了前进的动力。

第三，增加孩子的不良行为。对于那些自信心不足的孩子而言，当外部的赞扬与他们对自我的认识不一致时，就会产生焦虑感，为了降低这种焦虑，他们会直接做出一些不恰当的行为。

因此，父母在赞扬孩子时，一定要“三思而后行”。另外，父母还要意识到，自己在夸奖时，所针对的应是孩子的具体行为，而不是孩子本人。

## 听话的窍门——**命令要具体可行**

“洋洋，该吃晚饭了，把玩具收起来。”妈妈在厨房大声喊着，5岁的洋洋却仍气定神闲地搭着积木。妈妈连喊了七八次，洋洋仍然充耳不闻，继续玩积木。妈妈终于忍不住了，一如既往地气呼呼地从厨房冲出来对着洋洋大吼起来……

要想让孩子听命令，有许多办法，很重要的一点就在于父母如何下命令，如何去对孩子“说”。“说”得越好，孩子听从命令的可能性越大。具体来说，在对孩子下命令时，父母语气要坚决。如果你想让孩子帮你打扫卫生，就对他说，“小明，把地扫扫”，而不要用模棱两可的态度说，“小明，你能不能帮我扫扫地”，商量的口气在无意识中给孩子留下了逃避任务的余地。

对于10岁以下的孩子来说，他们的理解水平有限，太长的命令会让他们摸不着头脑，不知爸爸妈妈到底说了些什么。比如，父母想让孩子吃饭前洗手，就可以对他说，“小明，先把你的手洗洗！”而不要说，“小明，饭前不洗手可不卫生，容易生病。以后要记住，饭前一定要洗手。要做个讲卫生的好孩子。”虽然这种解释很有道理，但对太小的孩子而言，他并没有耐心听。他只想知道，“到底让我干什么？”

一般而言，12 岁以下的孩子思维还处于具体形象阶段，对于抽象的命令要求有时还很难领会。如父母说，“在家里，小明要做个好孩子”，孩子就会对这句话置之不理，因为在他的头脑里，“好孩子”只是一句很空洞的话。但如果父母说，“小明，吃过晚饭去房间里写作业”，孩子就知道该怎么做了。总之，只有父母讲清楚，孩子才有可能听命令。

## 小亦的“完美”妈妈——**缺爱的父母**

在别人眼中，小亦有个“完美”的妈妈。小亦5岁时，妈妈辞去工作全心照顾她。每天早上，妈妈会帮小亦穿好衣服，陪他吃完饭，然后把他送到学校。下午放学时，妈妈会准时把小亦接回家，把作业要求整理好，并在一旁看着小亦一项项全部完成并检查。晚上睡觉前，妈妈会把小亦的书包整理好，并把他第二天上学需要的物品备齐。年复一年，等到小亦上初二时，仍然如此。但此时的小亦，什么事情都依赖妈妈、听从妈妈的安排。没有妈妈的安排，小亦会不知所措……

像小亦妈妈这样的“完美妈妈”，本质上是缺爱，内心深处是想通过自己无微不至的爱来“换取”孩子对自己的回报。由于过分重视孩子对自己的爱，这些父母往往会因害怕失去孩子的爱，而不敢拒绝孩子的任何要求，只是一味地让步。而孩子一旦意识到父母急需他的爱，就会以此作为武器，来控制父母的行为，满足自己的要求。当父母拒绝自己的某种要求时，孩子就会说，“如果你不……我就不爱你了”。为了得到孩子的爱，父母最终只得妥协。孩子的蛮横行为就这样被逐渐培养起来。

那些过分需要孩子爱的父母，其实并不懂得教育孩子的最终目的。在心理咨询与治疗中，常用的一句话是“助人自助”，而这也是父母教育的最终目标。一位称职的家长应该意识到，培养孩子的目标是要使孩子独立生活，而不是让父母成为孩子生活中不可缺少的人。因此，父母关注的焦点应是孩子自身能力的发展，而不是孩子对自己爱的增减。

另外，童年过多的母爱也会让一些孩子感受到压力，成年后更希望在亲密关系中保持独立性，惧怕让人喘不过气来的过于亲密的关系。因此，孩子在童年时期感受到的来自父母的爱更像是一种情感储存，太多、太少都会使他们在成年后的社会交往模式中出现逃避、依赖等困扰行为，只有适当丰厚的情感储存，才能使孩子进入安全的情感世界。

在日常生活中，父母可以用一些肯定的话语，有意识地培养孩子的自立精神，“完全由你选择”“我们支持你自己的决定”……这样做不仅可以增强孩子的自信心，也可以增加孩子对父母的信任与感激之情。但过犹不及，过分企望得到孩子爱的父母，无形中已走进了教育的误区。

## 过度美化孩子的父母——**客观评价**

哲哲上幼儿园中班。父亲在大学从事行政工作，母亲在医院工作。哲哲在上幼儿园之前一直由爷爷奶奶照顾。爷爷奶奶对孩子特别迁就，只要孩子不哭，就一切都好，导致哲哲一点规矩都没有。

哲哲的父母都忙于工作。妈妈每天早出晚归，爸爸视他如掌上明珠，教育方式自主且随意。老师跟哲哲爸爸说哲哲犯的错误时，他会找很多理由为哲哲开脱。当哲哲在家里犯错的时候，爸爸一开始会进行教育，但是说不了几句话就忍不住要动手，这时妈妈就会出来护着孩子。而当哲哲犯了错，妈妈进行教育的时候，他还会动手打妈妈，妈妈因此常常就“顺着”孩子。

哲哲性格活泼好动，但自控能力和规则意识差，攻击性强，不能和同伴友好相处，缺乏用语言和同伴沟通的能力，当和同伴发生矛盾时，他说得最多的就是“不要”“我不要”，几句话没说完，就开始拳打脚踢。

本案例由龚振蔚老师提供

在对孩子的评价方面，父母应当相对客观。在哲哲父母眼中，他是个非常聪明可爱的儿子，因此对于老师的评价，哲哲爸爸的内心是不认同的。这样的父母会认为是老师把孩子的缺点放大了。事实上，在对关系亲近的人进行评价时，人们常犯的一种认知偏见就是“过于美化”，因为感情的缘故，我们会倾向于过高评价同自己关系亲近的人，比如孩子。事实上，父母通常会赋予孩子很多在他人眼中无法理解的过高评价，也会为孩子的过失行为找出很多合理化解释。

相对于父母，老师对孩子的评价则是相对客观的。因此，在哲哲的案例中，父母应该意识到自己对孩子行为的认知可能存在的偏差，多从老师的角度来对孩子的行为问题进行客观评价，这样才能较为清醒地认识到孩子的问题。

哲哲的父母应在教育孩子时态度一致，而不是一个红脸一个白脸，从而给孩子提供有错不改、有机可乘的空间。心理学研究指出，父母在管教态度上的不一致，往往是孩子各种问题滋生的温床。除此之外，父母教育孩子时的标准也要明确可遵循，同时，态度要坚定。当孩子犯错时，父母在教育时要坚定态度，不管孩子如何反抗，一定不能退让。如果因为孩子的胡搅蛮缠和反抗而不了了之，那么，孩子的犯错行为不仅得不到控制，还会进一步升级。随着孩子年龄的增长，父母会发现自己对这些问题行为更加束手无策。

## 被过度保护的孩子——**缺乏安全感的成人**

小刚上幼儿园中班，爸爸工作忙，孩子平时由奶奶和妈妈照顾。奶奶比较宠爱孩子，很多事情都替孩子包办。爸爸妈妈也知道孩子比较内向、胆小、缺乏自信，但他们认为这是由于班里有些孩子太霸道造成的，经常担心孩子在幼儿园会被同伴欺负，表现得较为焦虑，当孩子和同伴发生冲突时，妈妈会到幼儿园质问当事小朋友，言语和情绪比较激烈。

一次，妈妈因为听小刚说在幼儿园被同学欺负，在没有向老师了解事情的情况下，就在班级门口当着大家的面大声斥责了那个孩子。导致孩子当场被吓哭，后来在老师的劝解下，才离开教室。事后查看监控，并没有发现小刚所说的被欺负事件。

小刚性格比较孤僻、腼腆，较少参加集体活动，和小朋友相处不融洽，朋友较少，缺乏自信。在幼儿园的角色游戏中，小刚因为来得较晚，已经有四个孩子在玩过家家游戏了。小刚先是无所事事地站在教室里，过了一会，他也走过去观察，但并不和其他孩子交流，只是静静地站在那里。

自由活动时间是孩子们最开心的时候，小朋友都会拿出自己带来的玩具三五成群地玩。小刚也拿出自己的奥特曼独自玩了起来。这时候，琪琪跑过来告状，“张老师，小刚刚才打我的头了”。欣欣也来了，“小刚刚才抢我的玩具了”。老师弯下腰问小刚：“他们说的对吗？你刚才打她了吗？”小刚点点头。“那你为什么打她呢？”“我想玩她的玩具”。

本案例由张敏老师提供

心理学研究指出，以人际交往为中心的社会能力发展情况在代际之间存在着传递性。在很多时候，儿童就像一面镜子，可以折射出家庭存在的问题。在这个案例中，小刚的父母过分担心和焦虑自己的孩子在幼儿园会被欺负，安全感较为薄弱，属于典型的非安全型依恋成人。

小刚在幼儿园有两种较为极端的行为表现：一是胆怯内向，想同小朋友一起玩，但不知道怎么加入大家；二是很霸道，不懂得和其他小朋友分享玩具，也不知道如何同别人沟通，而是通过简单粗暴的“抢”来得到喜欢的玩具。这两种看似矛盾的行为背后，其实质都是社交能力的不足，因为缺乏同伴交往经验，所以他不敢也不知道如何与同伴交往。

小刚在交往中的这种表现，直接源自父母对孩子的过度保护，因为在父母心目中，孩子在幼儿园很容易被其他小朋友欺负。父母内心对人际交往的不安全感，直接传递给了小刚。因此，在解决小刚的行为问题之前，父母首先要努力改变自身的态度和行为，只有父母的观念改变之后，才能把人际交往的正确观念传递给小刚，进而帮助小刚适应幼儿园生活。

此外，父母也可以从生活小事着手培养小刚的交往能力。首先可以通过阅读故事的方式，给小刚讲一些如何与同伴交往类的童话故事，让小刚从故事中模仿学习如何同小朋友交往。另外，也要多为小刚创造同小朋友交往的机会。比如主动邀请小朋友一起玩，给小朋友们分发礼物等，先引导小刚在班里交到一两个好朋友，然后交往面再逐渐扩大。经过一段时间的尝试和锻炼后，孩子的交往能力一般会有所提升。

## “头号掌柜”应该是谁？——**家庭关系的核心**

朋友邀请一对夫妇出去玩，可是男方却说，“这要先问一下我们家的‘头号掌柜’是否愿意？”朋友一愣，男方接着说，“就是小丽（家里的6岁独生女）啊！”大家随即笑了起来。

虽然这只是小丽爸爸的一句玩笑话，却发人深思。在现代家庭，“头号”人物的桂冠大都属于孩子。换句话说，在现代家庭中，孩子是太阳，父母是行星，父母围着孩子转。

夫妻是一个健全家庭存在的前提。夫妻结合的婚姻创造了家庭与孩子。在一个家庭中，夫妻应该占据主导地位。如果把家庭看作细胞的话，夫妻则应是细胞核。家庭要幸福、繁荣，和谐、积极的夫妻关系是基础。

孩子只是婚姻的产物，在他们幼小的时候，需要父母的保护与教育，随着年龄增大各种能力增强，他们会逐渐脱离父母，开始自己的独立生活。而这时候，夫妻又成了家庭的主体。如果我们把家庭比作一个太阳系，夫妻则是太阳，而孩子好比行星。行星沿着一定的轨道围着太阳转，它也有可能脱离轨道，但太阳的中心地位则不会改变。以孩子为中心，往往会助长孩子的优越感，形成孩子以自我为中心的个性特征，不利于健康人际交往的发展。

临床心理辅导中的大量案例显示，在一个家庭中，当夫妻关系和谐幸福时，孩子也通常拥有积极健康的心理世界。反之，当夫妻关系存在问题时，尽管夫妻双方都把养育孩子放在头等重要的位置，孩子仍然会出现各种心理状况，如抑郁、自卑、暴躁等。因此，要培养孩子健康乐观的性格，良好的夫妻关系是必要的土壤。在家庭之中，夫妻关系永远处于核心位置。

## “如果你表现好，我就……”——**物质奖励的局限**

“这次数学考试如果能得优秀，那我就能得到一个‘小机器人’了。”小帆得意地对小伙伴们说。原来，妈妈在家里制定了规矩，每次考试如果得优秀，就可以得到一个自己喜欢的东西。在这种物质激励下，小帆已经赢得了自己喜欢的奥特曼、电动飞机和积木卡车……

许多家庭都存在相似的以“物质”刺激学习的做法。这种做法在一定程度上可能会提高孩子学习的积极性，但真正起作用的时候并不多，有时甚至会起反作用。因为一旦物质奖赏（如玩具、吃麦当劳等）变成了孩子的目标，那么，很多孩子可能并不会真正刻苦学习，反而为了得到高分而不择手段，包括作弊等。

同时，奖赏的效果会递减。有时候，某种奖赏在短期内起到了促进孩子努力学习的效果，但孩子很快就会对这种奖励感到厌倦。例如，刚开始时，孩子会为得到一只小玩具熊而兴奋，但过一段时间后，即使两个玩具枪也引不起孩子的兴趣。这时，父母将不得不想出新的奖赏物来重新激发孩子学习的兴趣。

另外，这种做法阻碍了孩子对其行为所承担的责任。父母在这样做时，并没有帮助孩子意识到自己不努力学习的后果，而是导致孩子把自己应该做的事——好好学习作为一种交易和父母讨价还价，以好分数作为换取心仪物品的砝码，从而忽略学习知识的真正乐趣。

一位母亲说，“我过去经常用物质刺激来促使孩子好好学习，本来我认为这种做法有助于提高孩子的自信心，可现在我意识到不能再用这种办法。因为每次我带着孩子出去时，如果看到自己喜欢的东西，孩子总是以交易的口吻对我说，‘妈妈，如果我表现好的话，你是不是要给我买……’”

## 严师出高徒？——**合理的惩罚**

“我爸爸是理工大学的老师，他对我特别严厉，除了平时上课，还让我上数学特长班。特长班里老师留的作业有时候很难，我想半天也做不出来，这时爸爸就会变得很不耐烦，指着我的头骂‘笨蛋，猪脑袋’。这还算好的，更多的时候爸爸会对我说‘到楼下转圈去，转够 20 圈再上来，看你到时候还会不会算’。我们家住 5 楼，晚上还好，白天一个人这样围着大楼转圈，如果碰上熟人，尤其是同学，我觉得特别不好意思，有时候都不想活了。我心里也知道爸爸是为我好，但是我特别希望爸爸采取一种启发式的方法，态度不要这样粗暴，那样的话我也许会学得更好。”

当家长对孩子进行惩罚时，传递的是这样一个信息“你刚才做错了”，却没有指出怎么做才是正确的。受到惩罚的孩子在难过之余，也很迷惑，他不知道该如何做才能避免惩罚。于是，他便通过逃避学习来逃避惩罚，而这种做法又导致进一步的惩罚，从而陷入恶性循环。同时，惩罚还会导致孩子产生焦虑、羞愧、困惑、愤怒、报复等不良情绪体验，对孩子而言，学习的过程会变得更加艰难和乏味，其效果可想而知。

虽然惩罚对孩子而言是一种痛苦体验，却是家长释放压力的一种方法。而在现实中，让家长完全不惩罚自己的孩子也并不现实。关键之处在于，家长应该意识到惩罚的不良后果，尽量减少对孩子的惩罚行为，同时，在指出哪些事情不应该做的同时，也要告诉孩子正确的做法。

在现实生活中有两类父母较为常见，一类父母喜欢对孩子吆来喝去，动不动就怒发冲冠，一类父母对待孩子总是和颜悦色，耐心讲解。那么，究竟哪一种教育方式更有利于孩子的成长呢？心理学研究发现，在那些父母采取严厉教育方式的家庭中，儿童在日常生活中很少得到父母的指导，遇到了困难也不敢对父母讲，经常感到生活压力很大，学习成绩往往较差，也不受小伙伴的欢迎。而那些采取以温情、引导、鼓励探索为特点的民主教育方式的父母，培养出的孩子却更加自信，与同学关系更为和谐，学习成绩也较好。因此，那些常把“不打不成材”挂在口头的家长，应该改变一下自己的“家长”作风了。要知道，“严师”不一定出高徒。

## “拯救”被溺爱的孩子——**树立权威**

“子不教，父之过，教不严，师之惰”，可以看出，在古代，人们已经很重视对孩子的教育。在现代社会，有些父母对孩子过分溺爱，使孩子养成了许多坏毛病。随着年龄的增长，不良习惯在孩子身上越发明显，于是，在反省自己不当教育方式的同时，许多父母决定改变自己对孩子的管教态度。

首先，父母应该做好思想准备，在自己态度刚开始改变的一段时间里，孩子的行为会变得更加糟糕。因为所有习惯了父母溺爱的孩子都不会欢迎父母态度的改变，这意味着他将失去控制父母的特权。在父母态度刚开始改变的一段时间里，作为反抗，他的行为问题会升级，企图恢复自己往日的地位。但是，不管孩子如何反抗，父母都要坚持原则。要记住，在情况好转之前，会有一段更为糟糕的过程，这是事物发展的一般规律。

其次，父母要在孩子心目中建立起自己的威信。父母制定的纪律要明确、具体，否则会妨碍与孩子的顺利沟通。只有当孩子真正信任父母、认为父母值得依赖，父母在孩子心目中建立起威信时，两者之间才能进行良好的交流。人们常说，“马总是驾驭着马车”。在一个家庭中，父母的威信就如同马，而亲子间公开、友爱的关系好比马车，父母的威信决定了亲子关系的状况。

师生之间的关系也是如此。一位好的老师会意识到，要想把课上好，首先要能控制住学生。因此，在第一次上课之前，他会通过制定严格的纪律来建立自己的威信，并通过对纪律的严格执行赢得学生的信任。一般而言，理想的管教方式应是严慈相济，这样才最容易建立良好、和谐的亲子关系。

## “我见过他们挥菜刀”——**对婚姻的惧怕**

小睿是一名21岁的女生，她这样分析童年环境对自己的影响。“我认为父母对我的教育没有什么问题，但是他们的冲突给我留下了非常深的心理阴影。”

“在我眼里，他们既彼此相爱又彼此讨厌。他们两个都是好人，并不代表能够顺畅沟通。我小时候经常看到他们吵架，不仅是吵架，我甚至见过他们挥菜刀。所以，我对婚姻有很大的心理阴影。以至于现在他们偶尔吵架都会让我回忆起童年时他们歇斯底里的大叫。”

“在遇到我现在的男朋友之前，我非常厌恶婚姻。我想，如果真的要结婚，那就一人住一套房，不能一天到晚生活在一起。我从小对我父母的冷战感到非常恐惧。但如今当我生气的时候，我也不自主地会和人冷战。冷战是我解决同他人之间冲突的常用手段。”

大量心理学研究指出，童年环境对个体的影响非常大，并且在很多时候是难以逆转的。从小睿的身上可以非常明显地看到童年经历的烙印。父母之间的争执和暴力会让孩子对婚姻和亲密关系产生本能的抗拒和回避，父母的频繁争吵也使孩子在头脑中无从建立对婚姻的积极认知模式。在小睿的认知中，“如果真的要结婚，那就一人住一套房，不能一天到晚生活在一起”，这种在常人眼里难以理解的夫妻相处模式，实质上源于她童年时期对于父母和平相处模式的幻想，认为只有这样才能解决父母之间的冲突。

经常吵架的父母无法让孩子学习积极的问题解决和沟通模式，对孩子而言，冷战是解决冲突的惯用模式，也是在童年家庭生活中通过观察而内化习得的一种问题解决策略。之后，这些童年经历所塑造的心理行为模式会反复出现。但是反过来，当孩子成长之后意识到自己这些心理行为的形成根源时，也可以在理性认知的牵引下去体验人际之间更积极的交往模式，逐步调整自己的心态和问题解决方式，克服对婚姻的恐惧，学会积极主动地同他人进行沟通。

## 患得患失的阿碧——**亲密关系障碍**

24 岁的阿碧长相漂亮，性格开朗，待人友好，周围有不少喜欢她的异性。她的初恋出现在高三，也可称得上半个“青梅竹马”了。在别人看来，她应该拥有甜蜜的情感生活。但在一次与朋友聊天时，她说，“我同他在前几天刚分手，我觉得他对我不忠。他和别的女生聊天，内容暧昧，被我发现了之后依然不悔改，还觉得我破坏了他的友谊。其实，刚交往时，有一次我去翻他的 QQ 空间，发现他同前女友还有互动。当时我就开了个小号去找他的前女友聊天，也用匿名功能去试探过他。坦率地讲，我在感情中是个非常缺乏安全感的人，我特别怕失去，也会反复确认我对别人的意义”。即使她觉得男友对自己不够好，却依然多次选择原谅，直至后来的异地恋让她的不安全感剧增，才下定决心分了手。

阿碧偶尔也会谈到自己幼年的家庭生活，“我小时候和外婆外公一起在小城镇生活。妈妈每周都来看我，大概3岁以后，爸爸妈妈就接我去上海一起生活。小时候我同父母间的交流比较有限，因为他们太严肃了，觉得我太小，不把小孩子的话当真。直到现在，他们对我都管得很严。他们俩的关系也不怎么样。我爸爱喝酒，一喝酒脾气就很差，会和我妈吵得很凶。我妈也很强悍，会和我爸吵，还会摔门……虽然我爱他们，但我不敢信任和依赖他们，反而经常讨好他们，尽量在他们面前做个乖乖女。在和同学的交往中，我也显得非常'温和'，但实际上我一直能够感觉到自己内心对爱的渴求……"

一般而言，父母冲突越强烈，青少年的自尊水平越低。因为童年父母关系不和谐、父母过于严厉和缺乏温情，以及3岁之前同父母的实际分离，阿碧对被忽视和抛弃有着极大的恐惧，她乖乖女的外表下，掩藏着极大的不安全感。在恋爱中，她总是想确认自己是否被恋人重视，对于恋人有着极强的依赖性，同时又几乎无时无刻不在怀疑与猜忌，担心对方不爱自己。可是哪怕她发现了恋人的不忠也总是不自觉地替他找借口，因为她太过依赖这段关系，宁愿一次又一次麻痹自己。而一旦感受不到足够的爱，便容易陷入崩溃情绪。阿碧在恋爱中这种患得患失、脆弱敏感的表现，在很大程度上源自童年的家庭关系模式。

心理学的"自我实现预言"理论指出，一个人内心潜意识的担心往往会演变为事实。虽然在阿碧的描述中，种种迹象表明男友确实对她不忠，但依据自我实现预言，阿碧内心巨大的不安全感会使她在开始交往就对“青梅竹马”的男友充满猜忌。在她的内心，担心男友抛弃自己和怀疑对方不忠是无法摆脱的情感纠结点，在这种潜意识的强烈担心中，她会通过种种手段来检验和确保对方对自己的情感。根据“以牙还牙”的交往原则，阿碧这种令人窒息的监督防范行为也助推了男友的行为，将阿碧的担心变成了现实。

阿碧属于非常典型的焦虑型依恋，要想拥有安全和谐的亲密关系，首先要从自身入手，懂得“爱情就是手里的一把沙子，当你太想完全拥有它、握紧它时，反而会一无所有”。在亲密关系中，只有给对方、给自己适度的空间，关系才能健康长久。

PART 9

# 来自不同家庭的孩子

## ——特殊家庭环境下的儿童问题

本章主要介绍三类家庭——离异家庭、祖辈参与抚养家庭和二胎家庭——的儿童养育问题。各国的研究数据表明，父母离异的过程和结果对孩子的身心发展都会产生不可磨灭的烙印。如何最大可能地避免父母离异对孩子的不良影响，是夫妻感情破裂之际每位父母都要考虑的重要问题。作为中国社会的传统，“隔代参与抚养”以及“二孩”生育政策的推行，对当前中国的很多家庭而言，既是挑战，也是家庭成员共同成长的良好历练。

## 懒散依赖的孩子——**隔代抚养下的自主性受抑制**

东东是个5岁的男孩。父母平时都忙于工作，孩子平时由爷爷奶奶照顾。爷爷奶奶对东东非常宠爱，孩子在家里衣来伸手、饭来张口。爸爸经常用买玩具、零食等办法来满足孩子的需要，对孩子的行为习惯较少关注。

在教育方法上，爷爷奶奶认为孩子小，万一饿着冻着，容易生病。父母知道包办不利于孩子能力的发展，要求爷爷奶奶放手让孩子自己做事情，但由于参与孩子教育的时间很少，最终还是由爷爷奶奶来带孩子。

在幼儿园里，午饭时间，其他孩子都已经坐在自己的座位上开始吃午饭了，东东仍旧在摆弄玩具。老师来到他面前："该吃午饭了。"东东仍旧沉浸在自己的世界里，不理睬。老师把他带到饭桌前，东东就坐在那儿，一动不动。老师再次走过来："饭菜真香啊，你自己吃一口"，东东把头转向另一边，呆呆地坐在椅子上。最后，当老师喂他时，他一大口一大口，很快吃完了所有饭菜。

运动时间，孩子们在练习拍皮球，多数孩子已经能够熟练掌握拍皮球的技能，东东一个人坐在摇椅里晃来晃去，游离在集体之外。老师拿着皮球走过来："快来拍皮球。"东东说："我的手已经很累了。"老师找来东东喜欢的越越说："你和越越一起拍，好吗？"东东这才拿起皮球胡乱拍了几下，皮球滚开后没多久，东东放弃了，又坐到边上。老师再次邀请东东练习，东东说，"我的腿也很累了"。

本案例由张敏老师提供

在隔代抚养孩子的家庭中，祖辈的养育风格是过分溺爱、过分包办，对孩子过于迁就和妥协。那些在隔代溺爱中长大的孩子，在年幼时，表面上看问题主要表现在自理能力和生活习惯较同龄人差些，其他方面基本正常，也没有明显的问题。实际上，祖辈的过分保护会在一定程度限制孩子的社会交往。人际交往是一种对早期环境高度敏感的能力，那些在6岁之前没有足够机会和同伴一起嬉戏的孩子，在成年之后的社交行为也会出现各种适应不良。

在过度溺爱、过分包办的背后，还隐藏着孩子日后更为严重的发展问题。按照埃里克森的心理社会发展八阶段理论，6岁之前是儿童自主性和主动性发展的关键期，在家长充分放手的情况下，儿童可以充分体验依靠自己独立完成事情的乐趣，感知到自己的能力和价值所在，学会为自己负责。而那些因为过度宠爱而被长辈束缚了手脚的孩子，所受到的最大影响便是自主性和主动性受到抑制，无法真正体验到依靠自己的行动而带来的乐趣。这些孩子成年之后的最大问题不是自理能力差，也不是生活依赖性强，而是他们主动承担、完成任务的热情很难被激发，这也可以在某种程度上解释“啃老族”的成因。

## 被动少语的孩子——**隔代抚养下的语言能力欠缺**

5岁的铭铭是个强壮的男孩，父母工作较忙，日常生活主要是父母和祖辈共同照料。

在幼儿园，铭铭几乎不参与同伴间及老师们组织的集体活动，似乎多有意思的活动都吸引不了他。老师问话时，铭铭常常用点头和摇头来代替。当有需要时，铭铭会过去拽老师的衣角，指一下他要去的地方，或者用简单的语言来表达自己的想法。户外活动结束后，铭铭跑过来拽老师的衣角，用手指了一下门口，老师问："怎么了？"他想了想说："尿尿。"老师又问："谁要小便？"他有点焦急地指了下自己。老师接着说："那你把话说完整好吗？"他急得说了一句："我要小便。"老师点头后他一路小跑冲向盥洗室。

本案例由董明敏老师提供

6岁之前是儿童语言能力发展的关键期，在儿童语言产生机制的解释上，行为主义流派认为，儿童语言的产生和发展遵循强化——惩罚的塑造过程，在自然情境中儿童会模仿别人说出某种语言，然后依据周围人对自己所讲语言的肯定（强化）或纠正（惩罚）反应来调整改进自己的语言。通过这种不断重复的强化或惩罚，儿童的语言能力日益发展起来，社会交往能力也得以提高。

案例中的铭铭在家里每一个动作仿佛就是一个指令，家长便是行动实施者。因为孩子无须开口说话需求就能够得到满足，于是养成了不用语言而用动作交流的习惯。在这种环境下，铭铭很难产生同他人正常交流的动力，他的语言能力也难以得到发展。如果这种情况持续下去，随着铭铭年龄的增长，他对语言的敏感力会逐步降低，由此导致其语言能力的发展低下。因此，铭铭的父母应该尽早开始矫正铭铭同他人的交流模式，可以尝试先采用强化——惩罚的方式来激发铭铭同他人的语言交流愿望。比如，当铭铭想要什么东西或者想做什么事情时，如果他不用语言表达出来，那么家长就予以忽略，坚持不加理会，只有当他用语言表达出来时，才给予立即的强化，满足他的要求。这样坚持一段时间后，让铭铭逐步养成用语言表达自己愿望的习惯。另外，家长还要通过多样化的游戏类活动来锻炼铭铭的语言表达能力，比如增加给孩子讲故事或一起游戏的时间，多找机会增加同孩子在语言上的双向沟通和交流。

## 忧郁自卑的孩子——**家庭矛盾下的情绪失调**

5 岁的小松看起来憨厚老实。爸爸是工程师，经常出差在外，妈妈是医生，两人陪伴孩子的时间相对较少。爷爷和奶奶离婚了，小松在中班时由爷爷负责接送，大班时由奶奶负责接送。

父亲对小松的要求比较严厉，有时甚至会动手打他。爷爷温文尔雅，对老师很客气，对小松说话也很温和。奶奶较为强势，与妈妈在教育观念相冲突时会争吵，甚至说一些较为粗鲁的话。比如，妈妈喜欢拥抱小松，小松在幼儿园也会拥抱喜欢的人，但是奶奶觉得拥抱是小姑娘做的事情。妈妈与奶奶的谈话经常以吵架结束，奶奶甚至提示老师不要拥抱小松。老师表示正常的拥抱可以使幼儿产生安全感和信任，但是也没办法改变奶奶的想法。奶奶搬进家庭同住后，爸爸在教育理念上逐渐与奶奶一致，并出现较为粗暴的行为。在与家长的沟通中，妈妈对于小松的问题比较重视，但是内心比较敏感，容易焦虑，无形中给孩子造成了负担。

小松之前在一所私立幼儿园就读，因原来的幼儿园教师经常公开对他表现出言语和态度上的冷漠，导致小松性格内敛。因此，小松转学到现在的幼儿园。小松发育有些迟缓，来园两周还不怎么认识老师，语言能力也较弱，不能清楚表达自己的意思，在交谈中也东一句西一句地乱说。

小松容易被外界打扰，不关注老师讲的话。但是他对于老师的表扬很在意，老师在小松表现好时会及时对他进行表扬鼓励。有一段时间小松在画画的过程中会出现突然说："我画得不好"，并开始撕烂画纸。其实这是由于在家中奶奶对待小松的方式比较粗暴，觉得画画无用，经常在他画好画之后说："你画的是什么乱七八糟的东西啊。"

小松在幼儿园会念叨"我不开心"，但是当问他为什么不开心，他又说不出来，情绪一直处于低迷状态。

本案例由张玉芬老师提供

儿童个性发展同家庭环境之间有着不可分割的关联。在此案例中，小松表露出明显的抑郁和自卑迹象，虽然他在发展中就已经表现出了一定的迟缓（如言语和认知能力），但家庭环境中的压力会进一步加重他的症状，并导致其身心发展出现更为广泛的问题。

小松家庭中的问题主要是家庭矛盾重重。奶奶同爷爷、奶奶同妈妈、爸爸和妈妈之间都存在着表露于外且难以调和的冲突和争执。尤其是妈妈，既无法同奶奶达成一致，又与爸爸的教养观念对立，由此可以预期妈妈在家中孤立无援且忍气吞声的压抑状态。这种压抑且争执不断的家庭氛围会直接影响儿童对环境的感知，引发儿童过多的负面情绪体验。

另外则是奶奶和爸爸对小松的施压，爸爸简单粗暴的教育方式，奶奶的言语暴力和各种贬低，都会让小松直接感受到自己被排斥、被鄙视的家庭地位，由此产生对自己的各种消极认知。

心理学研究指出，家庭内部成人之间的冲突和冷战会导致孩子各种行为问题（诸如抑郁、自卑、退缩等）的增加，对于类似小松的个案，最好的辅导途径应该从家庭开始，从专业的角度切入，增加家庭成员对问题的重视程度和自身存在问题的客观认识。只有当家庭成员都意识到自己的问题，并各自改变自己，重新建构相互之间的积极互动模式时，才能营造出良好和谐的家庭气氛，孩子的问题也会因为整个家庭氛围的改变而得以解决。

# 任性霸道的孩子——**规则缺失下的失序**

灵灵上幼儿园中班，瘦瘦小小的她有一张圆圆的小脸。平时穿的衣服都是自己选的，开心的时候话很多，不高兴的时候就会嘟着小嘴。灵灵的爸爸是在读博士后，妈妈从事科研工作，她平时主要由奶奶照顾。

奶奶是从农村过来的，更多的是在生活上照顾孩子，样样事情都围着孩子转。比如说，早上灵灵想穿新买的裙子，奶奶说，“天气还冷，等天气热了再穿”。这时，灵灵立马就哭起来，并且不依不饶地缠着奶奶。爸爸看到后，会对灵灵进行教育，但灵灵的脾气会越发越大。奶奶也会责怪爸爸，不应该批评灵灵，就这样，灵灵最终如愿以偿地穿上了新裙子。此外，爸爸妈妈在对待灵灵哭闹的问题上常意见不统一。当灵灵发脾气时往往是妈妈护着、爸爸批评，妈妈还会当着灵灵的面说爸爸不应该批评女儿。

灵灵比较娇气、任性、霸道、爱哭闹。一旦要求没有得到满足，她便会大哭大闹，不达目的不罢休。在一次班级的角色游戏中，灵灵总是和同伴发生争执。原来，灵灵很喜欢做小演员。在小舞台中，既有演员也有售票员，但是当大家都想当演员的时候，别的孩子会用商量的办法来和灵灵沟通，“我们大家轮流做小演员、售票员吧，这样大家都可以玩”。但是这样的商量对灵灵来说行不通，当同伴再退一步，对她说：“那好吧，你就做小演员吧，不过你不能一直表演，演员是要轮流表演节目的。”而这时的灵灵已经“穿戴整齐”，依然我行我素，每个节目都要表演，根本不听大家的。如果有强势一点的孩子坚持不让她表演的话，灵灵就会大哭大闹。

本案例由龚振蔚老师提供

理想的家庭养育方式应该是严慈相济的，一方面要给予孩子足够的关注和呵护，另一方面也要给孩子制定严格的行为准则。而奶奶对灵灵的态度则是无条件的接纳和呵护，对其行为毫无规则限制，加上爸爸的退让和妈妈的支持，整个家庭采取的是一种妥协式的养育模式。妥协式的养育模式会导致孩子出现一系列的行为和心理问题，尤其是助长孩子以攻击、霸道为主的外化行为问题。

要改变灵灵的行为问题，首先要从家庭内部教养方式的统一和规则的制定做起。由于年龄和知识的限制，奶奶的养育观念和行为很难有太大改变，因此，要从灵灵的爸爸妈妈做起。

首先，爸爸妈妈在对待灵灵蛮不讲理的行为时要达成一致，不能一个白脸一个红脸，只有父母立场一致才能达到教育的效果。

其次，在家里要形成共识，在教育和管教灵灵方面，应该由父母占主导，奶奶不再插手爸爸妈妈对孩子行为的管教。当家长之间在教育孩子上形成明显的规则意识时，灵灵的蛮横行为才能逐步消退。

最后，要从灵灵自身做起，改变原有行为模式。儿童行为模式获得的一条重要途径是观察学习。父母可以以童话故事中拟人化的方式，让灵灵懂得在家里和班级中哪些行为是不被允许的、哪些行为是要改正的，让孩子通过观察模仿逐步改进原有的行为模式。

## 同胞间的忌妒——**孩子的忌妒心理**

森森和林林今年 4 岁，是双胞胎兄弟。周末，妈妈独自带兄弟俩一起在小区附近玩。走着走着，一不小心，森森被旁边的树枝绊倒在地，妈妈赶紧过来抱起森森。一旁的林林马上哭起来，哭了一会儿看妈妈还抱着哥哥，干脆躺在地上不走了。于是，妈妈只好左手抱森森，右手抱林林，可没走几步，兄弟俩又在妈妈的怀里打了起来……午餐时，妈妈给兄弟俩一人一小份午餐，夸了句“林林吃得真好”。一旁的森森一把夺过林林的勺子，“这个蓝色的勺子是我的，我不用这个绿色勺子”，一旁的妈妈又开始劝架……

不仅成人有忌妒心理，像森森和林林这种同胞间的忌妒也非常普遍。

怎么知道孩子是否在忌妒别人？

要知道孩子是否正在忌妒别人，首先要学会观察。例如，当妈妈夸奖姐姐的画画得好时，一边的妹妹跑过来说，“妈妈，画上娃娃的眼睛不一样大”，敏感的妈妈马上就知道，妹妹是忌妒姐姐了。

有时候，这种忌妒发生在一群孩子中间。例如，当2岁8个月的欣欣第一次被送到幼儿园时，原来园里那个最小的孩子——2岁10个月的乐乐感到自己的地位受到了威胁，整个上午，他都虎视眈眈地瞅着新来的小伙伴。到了吃饭的时候，老师一直跟着欣欣，不停地和她说话，教她怎么吃饭，小伙伴们也都瞅着她。往日一直是众人关注焦点的乐乐却被大家忽视了。正吃着饭，乐乐忽然号啕大哭起来，直到老师跑到自己身边，小伙伴也都望着自己，他才逐渐平静下来。下午，洗澡时，乐乐趁大家不注意，推了欣欣一把，欣欣也哭了起来。仔细观察一下乐乐的行为，老师就会知道是忌妒心理在作怪。

成人应该怎么对待孩子的忌妒心理呢？

对于那些感受到忌妒的孩子而言，成人最好的帮助就是让孩子感受到大人是喜欢他的，他在大人心中的地位很重要，虽然你对他的爱与照顾经常不得不与别的孩子分享。成人应该密切注意两个孩子间的友好、合作行为，并及时地加以鼓励，使得孩子间的忌妒行为得以改变。最后，很重要的一点是成人应该鼓励忌妒孩子的独立行为，比如当妈妈陪着弟弟学走路、做游戏，一旁的哥哥产生忌妒情绪时，妈妈可以提醒哥哥可以先自己在房间里搭积木机器人，搭好后妈妈再带弟弟过来一起欣赏哥哥的作品。这样就能使哥哥把注意力从忌妒情绪中暂时抽离，从自己的活动中获得乐趣，让忌妒心理转变成孩子上进的动力。

## 行为倒退的姐姐——**父母关注欠缺**

自从弟弟出生后，妈妈发现了一个怪现象，原本聪明听话的萍萍突然出现了许多“怪行为”：不服从命令，和大人顶嘴，更让人着急的是她竟然像婴儿一般吮吸手指（可是她已经6周岁了），而且吃饭也挑剔起来。妈妈越说，她这些行为越变本加厉。

原因就在于弟弟的出生吸引了全家人的注意力，大家天天围着弟弟转。以往是大家呵护中心的萍萍却被冷落在了一边。弟弟刚从医院回来的几天，萍萍表现得很好，摸弟弟的小脸蛋，逗弟弟开心。可这一切妈妈似乎都视而不见，眼睛就盯着弟弟。萍萍好伤心，她不再喜欢这个小小的“竞争对手”，也不愿听妈妈的话，甚至故意与妈妈作对。没想到，这样反而引起了妈妈的注意。于是，她又变本加厉，开始像婴儿一样，吮吸手指、挑食……

随着“二孩政策”的全面放开，越来越多的孩子开始体验到“手足情”，然后，在更多乐趣的背后，许多家庭也面临着更多“二孩的烦恼”。二孩出生之后，尤其在两个孩子年龄相差不大的家庭中，第一个孩子有可能出现行为倒退现象。因为，一个孩子还处于依恋建立阶段时，另外一个孩子相继出生，由于父母精力有限，难免会顾此失彼，在关注一个孩子的同时造成了另外一个孩子安全感的缺失。在此类家庭中，父母需要注意的问题是尽量保持孩子基本照料者的相对稳定，不要随便更换照料者，这样才更有利于孩子形成安全依恋。

对于萍萍而言，妈妈要对萍萍的不良行为给予适当的忽视。当她出现这些行为时，不要再惊慌失措，要认真地对她说，“萍萍是大孩子了，不应该再像小孩子一样。”然后，便去忙自己的事。当萍萍出现好的行为时，一定要及时进行表扬。这一点很重要，不仅对于孩子，即使对成人来说，内心也常常需要别人的赞扬与认可。如当萍萍陪着弟弟玩时，妈妈一定要立即给予强化，“萍萍真懂事，知道照顾小弟弟。让妈妈省心了”。最后，妈妈还要耐心地对萍萍解释，妈妈其实很喜欢她，但弟弟太小了，所以妈妈暂时对他的照顾要多一些，同时鼓励萍萍和妈妈一起照顾小弟弟。

## 同胞间的争斗——**孩子的竞争心理**

一位妈妈苦恼地说："我家的大宝今年5岁多，小宝快3岁了。两个孩子相处一直不融洽，哥哥从弟弟出生后就常拍弟弟，且不知道轻重，导致以后弟弟一看到哥哥靠近就开始哭闹。大一点了，哥哥把所有的玩具都占为己有，即使有些玩具已经不适合他玩，但只要弟弟一去拿，哥哥就会去抢……"

"在家里，我们一直是教育哥哥大、弟弟小，大的要让着小的。可是哥哥听不进去，觉得自己也很委屈，于是就常常无缘无故欺负弟弟。我们一看见就会批评哥哥，气急了也会打他，可越是这样，哥哥越是欺负弟弟，觉得是弟弟的错，形成了恶性循环。现在我整天都得调停两个孩子的矛盾，很是头痛，不知道该怎么办……"

父母需要知道，兄弟之间的竞争心理是一种非常正常的现象。在弗洛伊德的《梦的解析》一书中，介绍了几种典型的梦境。其中对“梦到兄弟姐妹死去”的梦境，弗洛伊德认为，这是源于幼年兄弟姐妹之间的竞争心理。在资源有限的情况下，孩子会在潜意识中希望自己的竞争对手——兄弟姐妹“死去”，从而满足自己独享资源的愿望。这种幼年时期没有实现的愿望会在成年之后以梦的形式出现。

兄弟姐妹之间竞争的资源主要有两种：一种是物质资源，比如玩具、食物、金钱等有形的东西；另一种则是无形的资源，如父母的关注和爱。在这个案例中，哥哥比弟弟大 2 岁多。弟弟刚出生时，2 岁左右的哥哥正处于自我意识的形成阶段，他对属于自己的东西很敏感，会紧紧守护，表现出一种貌似“自私”的行为。此外，他同母亲之间已经建立了稳定的依恋关系，把母亲看作自己需求满足的依恋对象。

对于 2 岁多的哥哥而言，弟弟的出现的确对自己原先所拥有的资源产生了很大威胁。随着弟弟的出生，自己在家中的中心地位陡然丧失，父母的关注突然转向这个陌生的婴儿，弟弟也就成为哥哥“爱”的资源的最大竞争者。

另外，2 岁多的儿童具有非常强的模仿力，看到成人拍弟弟时，哥哥出于好奇，也会去模仿，学着去拍弟弟，但由于不知道轻重，拍得弟弟哭起来。这时大人的反应很重要。如果大人因此而大声制止甚至呵斥，对哥哥而言他会因此“恼恨”弟弟，认为是由于弟弟而导致父母训斥自己。

按照心理学行为主义的观点，大人的反应其实也恰恰是哥哥内心所期望得到的关注。因此，成人的呵斥不仅不能有效制止哥哥的行为，反而会在一定程度上强化哥哥“拍”弟弟的行为，同时增加了哥哥对弟弟的敌意，从而为哥哥、弟弟以后的竞争关系埋下伏笔。

从哥哥的角度来看，弟弟自然也是自己物质资源的最大竞争者。弟弟没有出生之前，家里所有的玩具都是自己的，但弟弟出生后，他便要同弟弟“分享”这些玩具，甚至在玩玩具时还要由弟弟先选择，弟弟不喜欢的自己才能玩。对哥哥而言，内心其实面临着很大的挑战。心理学研究表明，4 岁之前的儿童并不能表现出真正的分享行为，他们对属于自己的物品会很自私。再加上父母有意无意地对弟弟表现出更多的袒护和偏爱，更会激起哥哥的敌意，表现为不让弟弟碰自己的玩具，甚至去欺负弟弟。

在哥哥同弟弟的关系上，父母的态度和立场确实非常重要。在这个案例中，父母会教育哥哥“哥哥大，弟弟小，大的要让小的”。这种态度本身就不公正，偏向了弟弟一方。只会让哥哥更为气愤，对弟弟更加敌视。对于哥哥这种年龄的孩子而言，他无法理解为什么“大的要让小的”。因此，父母的这种态度反而会助长哥哥欺负弟弟的行为，同时也是在给弟弟“撑腰”，以至于两人的关系愈加恶化，演变成恶性循环。

父母正确的态度应该是对哥哥和弟弟一视同仁。首先，要让哥哥知道，父母爱弟弟，但也一样爱哥哥。因为弟弟年龄小，所以父母现在对弟弟的照顾多一些，哥哥小的时候，父母也是这样照顾哥哥的。经常这样讲，哥哥慢慢也会理解的。其次，在行为上，父母要有意识地多给哥哥一些关注，在照顾弟弟之余，要尽可能多地陪伴哥哥，尽量不要让哥哥因为弟弟的出生而过于失落。此外，在哥哥出现一些诸如“拍”弟弟之类的行为时，父母不要责备哥哥，要从正面树立榜样，教哥哥学会轻轻地拍弟弟，有意告诉哥哥应该怎么照顾弟弟，让哥哥也参与一些照顾弟弟的简单事情，比如拿个洗脸盆、递下毛巾等。当哥哥表现好时，要及时加以表扬，在避免哥哥产生失落感的同时，也在无形中增进了兄弟之间的感情。而对于哥哥欺负弟弟的行为，父母要尽量“大事化小，小事化了”，尽可能地予以忽视。最后，当哥哥不让弟弟碰自己的玩具时，父母不要急于纠正，要多创造机会，让哥哥同弟弟一起玩耍，让哥哥感受到同弟弟一起游戏的快乐，而不是让哥哥产生自己的玩具被弟弟“抢走”的感觉。

总之，在处理哥哥同弟弟的关系上，父母所采取的原则应该是“照顾弟弟，关注哥哥，保护弟弟，尊重哥哥”。一视同仁地把爱给予哥哥和弟弟，让两兄弟从小建立平等、互助、友好的关系，而不是从小培养家庭内部的竞争对手。

## 焦虑的妹妹——**先天气质使然**

月月是幼儿园班级里年龄较小的孩子。家里由爸爸、妈妈、奶奶、姐姐（大1岁）和月月5口人组成。姐妹俩的主要抚养人是妈妈和奶奶，父母皆为复旦大学教师，爸爸在学术科研方面相当有作为。奶奶来自农村，主要负责家务和接孩子放学，孩子的教育方面以妈妈为主导。

月月的父母采取了民主的教养方式，想要绝对公平地对待两个孩子，无所偏爱。父母很注重孩子的教育问题，两个孩子的自理能力、动手能力都很强，姐妹俩关系非常亲密。月月的姐姐性格活泼开朗，很外向，月月却极为内向，除姐姐以外基本不与其他孩子接触。月月脾气较大，喜欢捉弄姐姐，姐姐一般也都会让着妹妹。

月月在幼儿园的主要问题表现为不合群、敏感、易焦虑。在刚上小班时她就出现过很严重的分离焦虑，持续时间将近一个学期，表现为哭闹不止，从早哭到晚，甚至在地上耍赖。她不跟老师打招呼，总是皱着眉头，一旦有人接近，她就双手握拳、交叉抱在胸前，做出防御姿势。她行动缓慢，要等老师提醒两遍以上才有所行动；脾气很倔，不想做的事情怎么劝都没有用，只用哭来解决问题。她不哭的时候也基本上不和老师、幼儿互动。老师与她说话时，她总是直直地盯着老师，但不作回应。她也不参与集体活动，就连玩滑梯的时间，她也只是站在一旁看着。上中班之后，月月渐渐放下了戒备心理，别人和她说话她能够回答，但只会与老师主动交流。月月自尊心很强，喜欢得到老师表扬；学习活动很认真很专注，但很少举手回答问题、主动参与游戏。她喜欢画画、看书等安静的活动，不喜欢参与唱歌、跳舞等运动量较大的活动。

但看到姐姐之后，月月就像变了一个人似的，嬉笑打闹，聊个不停，玩得很开心。通过与家长的沟通发现，月月的性格有两面性，在家人面前时表达交流很正常，但是在陌生人面前比较内向，不善于与陌生人交往，在面对新环境时不能很好适应。

本案例由虞婧老师提供

一母生九子，九子各不同。人的个性极其复杂，同胞兄弟姐妹生来就存在很大的差异性。虽然在幼儿园的老师眼中，月月这样的孩子个性过于内向，对新环境的适应过程缓慢。但在判断儿童心理行为是否正常时，应该采取多角度多领域进行综合评定。

在月月的个案中，她的家庭环境和谐友爱，父母对待她和姐姐一视同仁，并且教育方式民主，月月同姐姐的关系也亲密无间。在这样健康的家庭土壤中，儿童的心理行为通常不会出现明显问题，除非是曾经遭遇意外的创伤事件。

在个人发展上，月月的自理能力好，学习活动认真专注，喜欢画画、看书，主要问题表现在胆小内向，对于陌生的人和物有较强的排斥和戒备心理。但在亲近的人面前，在熟悉的环境中，月月适应良好，活泼开朗。

综合环境和个人表现之后，基本可以判断类似月月这样的孩子，在陌生环境中的内向、胆怯和戒备应该是源于先天的气质特点。面对此类孩子，父母只需尽量多给孩子提供接触外界的机会、鼓励孩子多了解外部世界即可。随着年龄的增长和对周围环境的进一步熟悉，月月在集体活动中也会展现出不一样的个性特点。

## 只要孩子活得比我好——**单亲孩子的压力源**

宣仪是一名39岁的单亲妈妈，在孩子3岁时同丈夫离异，独自把孩子抚养到12岁，一直没有再婚。离婚后，她也曾有过几段感情经历，但每次只要一听到儿子说“我不要新爸爸”，便立刻打消了再婚的念头。一个人带孩子，在工作和生活上常常面临各种挑战。每当陷入困境时，宣仪总是给自己打气，“我这辈子就这样了，孩子活得比我好比什么都重要”。

在单亲（尤其单身母亲）家庭里，我们经常可以看到这样一种现象：母亲把自己的全部希望寄托在孩子身上，而把自身的需要抛之脑后。为了给孩子提供好的学习、生活条件，她们节衣缩食，尽力满足孩子的需要。有时怕对孩子造成伤害，甚至不敢追求自己的幸福。

我们常听到的一句口头禅是，“我总觉得自己对不起孩子，总想为孩子做些什么……”在父母这种心态的作用下，培养出的孩子往往更加抑郁、敏感、信任感低、逆反心强，他们中的许多人甚至也会步父母之后尘，活得并不比父母幸福。因为在孩子的成长过程中，他们的许多行为都是在无意识地模仿父母。在一个家庭中，孩子每天面对的都是愁闷劳苦的母亲，他又怎能对未来生活充满美好憧憬？因此，父母应该树立这样一个观念，“只有我活得好，孩子将来才会更好”，尽力去寻找生活中的乐趣，追求自己的生活，不要总想着为了孩子，不考虑自己的幸福。

另外，当父母把自己的希望全部寄托在孩子身上时，会使孩子负荷过重。在过重的压力之下，成人都容易出现各种心理、行为问题，更何况心智不成熟的孩子？因此，单身父母应适当给孩子“减负”，同时给自己树立人生方向，不要把生活的重心全部压在孩子身上。

比如，父母可以开拓自己生活的新领域，无论是自身成长还是社交面，在让自己的生活更加丰富多彩的同时，孩子也可以拥有更大的成长空间。心理学家指出，父母过多的期望会让孩子窒息，适度放手，营造自己的幸福人生，才能够为孩子的幸福人生打造适宜的土壤。

## 排斥继父的女孩——**父母再婚的阴影**

慧慧是一名20岁的大一女生，在她3岁的时候，生父因病去世，从此她就寄住在外公外婆家中，母亲承担起了养家的责任。慧慧7岁的时候，母亲与现在的继父结了婚。“我非常讨厌他，排斥到根本没法接触。我觉得是他夺走了我妈妈，所以根本不愿意看见他”，她直言不讳地说。她与继父的关系就像陌生人。“我从来不叫他爸爸，都是直呼其名。在家里遇见了就当作没有看见。我将来也不会赡养他。如果要问这种怨恨的情绪从何而来，我想大概是我没法接受爸爸的位置被取代吧。他对我确实尽职尽责，但是我无法接受他进入我的家庭。”当问及父母感情时，她这样答复，“我知道他们之间是有爱情的。他会开两个小时的车接我妈下班，会给我妈煮她想吃的东西。我不接受他，但是我知道他为我妈妈和我的家庭做出了贡献。”

在慧慧的案例中，从表面上看是慧慧难以接受继父闯入自己同母亲的生活，对继父存在非常强烈的排斥心理。但事实上更为重要的原因在于慧慧3岁左右父亲离世，在父亲离世的前后一段时间，慧慧的家庭发生了一系列令她感到不安和恐慌的事件，由此使她内心的安全感遭到了深深破坏，对来自亲人尤其是母亲的爱有强烈的需求。一直到继父加入她们的家庭时，安全感的匮乏导致她因为母亲对自己关注的相对减少而对继父产生了浓厚的怨恨心结。

其实在现实中，在这种再婚的家庭中，之前的家庭变故通常会对孩子产生比父母预期更为严重的阴影，这些孩子的安全感通常更为脆弱。因此，父母在重新建立家庭时，一定要特别关注孩子的感受，首先要让孩子接纳未来的爸爸或妈妈，要把重建家庭也看作孩子安全感重建的过程。否则，如果在孩子抗拒的情况下迎来家庭新成员，孩子通常会对对方产生强烈的排斥感，安全感也会被进一步削弱。

当然，从孩子的角度，再建童年阶段缺失的安全感的确是个艰巨工程，一方面需要替补父母的无条件接纳和极大耐心，另一方面需要孩子对自身经历进行反思并在此基础上有意识地改进原有的思维和行为模式，这些可以在一定程度上弥补安全感的匮乏。

## 不相信爱情的女孩——**父亲出轨的阴影**

琳琳今年21岁，因为父亲出轨，父母在她12岁时离了婚。她的爱情观也因此受到很大影响，她说，“不相信爱情，我觉得男人靠不住，还有点不期待爱情。事实上，我对自己有没有可能开始一段恋爱都不太确定。如果一个男生开始就追我，我会拒绝，会很排斥。我更希望从朋友开始过渡。可能是对男性有特别的防范，他们人高马大的，我怕会受到侵犯。至于未来，如果遇到合适的人可能会结婚，不然的话，也没有必要非得结婚。”

研究显示，离异家庭中的女孩会体验到更多的悲伤情绪，行为上更为抑郁或退缩，在与男性的交往中也更缺乏自信。即使她们能在短时间内较好地调整自己，表面上适应良好，但内心深处对婚姻的认知仍然非常消极。琳琳对男性和爱情的排斥显然都是源于家庭的变故，即使她意识到了问题的根源，但父母离异带来的负面影响依然很难靠她自己完全抹除。如果想改变父母婚姻对自己的影响，琳琳首先应该从心理上理性地划清父母与自己的界限，不能把自己的生活同父母的生活混为一谈，父亲的背叛并不等同其他男性也会如此。很多深受父母关系影响的个体，其实都是因为在内心深处混淆了父母同自己之间的边界，把父母的生活夸大想象成自己的未来。把边界理清之后，才有可能拥有自己的独立人生。

其次，琳琳应该有意识地调整自己对男性的认知。通过有意识地收集一些“好男人”个案，逐渐改变自己对男性的成见。从认知层面承认虽然由于父亲出轨导致自己家庭破裂，但这只是个案，多数男性还是负责任的，以认知改变为缺口打开对男性不信任的心结。

## 童年记忆中的硝烟——**父母争吵的阴影**

今年22岁的洪洪童年里有挥之不去的硝烟。

“我的父母是大学的同班同学，他们毕业后不久就结婚了。由于结婚前两人的思想相对不成熟，婚后感情一直不好，去年8月，他们终于离婚了。小时候，我印象里父母总是在吵架，我经常寄宿在祖母家。不知道为什么，全家人其乐融融逛公园、看电视、下棋、读书之类的记忆，总不如父母吵架甚至打架，而我声嘶力竭大哭的记忆来得深刻和清晰。”

“小时候，我总觉得父母吵架全都是因为我——总是因为我的一件小事而使他们发生口角，然后演化成大吵大闹，于是母亲就会大哭，然后提着包去外婆家住。过几天，父亲就会带着我去说服母亲回家。这样的事情发生太多次了。我一直觉得自己应该为这一切负责。直到现在，我都习惯于在一切事情上自责，并且无法用任何方式排解。我几乎永远处于一种自卑的心态中，经常拿自己和别人比较，看别人做什么都觉得比自己好，从而不停地责备自己。

“母亲对父亲的不满只能对我说，她跟我诉说父亲的种种不好。如今，他们终于如愿离婚了。父母都希望我可以对婚姻乐观起来，要相信自己能遇到合适的人。但是，我很少喜欢男生，也害怕有男生喜欢自己，不像别的女生一样想象自己会和男生谈恋爱，更没有想过自己会结婚。我认为，在现在的社会意识形态下，绝大多数男人是不会平等地爱一个女人的，他们只会侵略她、欺骗她，从而将她变为自己的一部分。并且，我一直抗拒某些很强烈的女性特征——比如化妆，穿高跟鞋、穿修身的衣服、减肥等。其中的一些心态，我也不知该如何解释。”

在孩子刚刚开始接触世界的时候，世界对他呈现的样子最为关键。一个人在童年时，他的家庭状况对他日积月累的影响，长大后是很难纠正的。

在父母关系不和谐或离异家庭中，孩子的一个非常显著的表现就是强烈的内疚感。他们会认为自己是始作俑者，认为自己是父母关系不和的根源，由此陷入深深的自责和愧疚感中。正如洪洪所描述的，“我永远觉得自己应该为这一切负责……”在这种强烈的自责情绪下，洪洪事实上无法真正接纳自己，会对自己进行多方面的排斥，包括自己的性别。她这种对自己女性身份的拒绝，一方面源于对自己深深的不满，另一方面也是害怕自己陷入类似母亲般的生活泥潭中，是对母亲生活状态的恐惧和逃离。在强烈的自责感之余，洪洪也对婚姻彻底失望。这种对亲密关系和婚姻的恐惧，也是夫妻争吵或离异对孩子最为深重的影响烙印。

要调整自己对亲密关系的恐惧和排斥，洪洪首先要缓解自己强烈的负罪感：童年时期父母的争吵其实同自己无关。虽然在夫妻间战火不断的家庭中，争吵的起因往往都是由孩子引起，并由此导致孩子产生深深的负罪感。但事实上，孩子只是父母争吵时的导火索，如果没有这个导火索，父母仍然会以其他的缘由展开争斗。一个普遍的事实是，那些常年因为孩子而争斗的夫妻，孩子离家之后关系并未改善，而是代之以生活琐事的各种不和。因此，洪洪应该从理性上告诉自己，父母间的战火是由于他们自身的原因引发的，同自己无关，从而在一定程度上缓解自己内心强烈的负罪感。

当然，对于类似洪洪的孩子，要从根本上逆转自己对于婚姻的观念和态度非常难。洪洪能够做的，便是从理智上认清自己这种心态的前因后果，当这些消极悲观的念头涌入头脑时，用理性的力量提醒自己问题出在哪里，告诉自己不能让曾经的消极生活经验来主导今天以及今后的生活轨迹。

## 离异夫妻如何对待孩子？——**父母离婚的阴影**

在现代社会，离婚率的不断上升给众多的父母提出了这样一个问题，如何尽可能地减少离婚给孩子造成的伤害？从心理学角度，我们提供以下几条建议。

★不要把孩子当武器

为了对对方进行报复，有些父母会把孩子当作武器，用来要挟对方，如不让对方见到孩子等。这样做，会使孩子更加痛苦。如有一位小学3年级的女孩，父母离异4年来，因为妈妈痛恨爸爸，她几乎没机会见到爸爸。当问她最需要什么时，她毫不犹豫地写道，“我最需要爸爸”。这种长期欠缺的心理需求，对孩子成长的负面影响是深远的。

★避免为孩子而争吵

离异的夫妻经常会为孩子的监护权、抚养、教育等问题而争执不休。这样做，会使孩子产生深深的自责与内疚，他会认为自己是造成父母离婚的“罪魁祸首”。曾有这样一个场面，一对离异的夫妻在外面吵个不停，他们5岁的孩子却在另一个屋里吓得直哭“……都是我不好，都是因为我他们才离婚的。”也有许多孩子提出这样的问题，“我该怎么做才能让父母不离婚呢？”这种自责与内疚感非常不利于孩子的身心健康，会导致出现不自信、抑郁、焦虑等不良反应。

★尊重孩子的意愿

在孩子跟谁在一起生活的问题上，最好听一下孩子自己的意见。这样做有利于孩子更好地适应，减少孩子出现问题的可能性。一位7岁的小男孩说，“我希望同爸爸生活在一起，可最后却同妈妈生活在了一起，我认为这样做是不对的，我不喜欢同妈妈在一起。”

★不灌输仇恨思想

有些人在离婚之后，为了达到报复对方的目的，经常对孩子讲对方如何如何不好，甚至把对方的照片也全部撕去，这样做虽然使自己的愤懑之情得到了一定的释放，但对孩子又会产生何种影响呢？只能使孩子过早地对世界、对他人产生仇视与不信任，导致离婚在孩子心灵中投下的阴影更加深重。在孩子的内心深处，不仅需要爸爸，也需要妈妈。

## 三代同堂家庭的教育分歧——**父母确立规则**

“三代同堂”“儿孙绕膝”曾经是很多中国人心中幸福家庭的理想画面。然而，由于年轻父母大多工作繁忙，隔代参与抚养孩子的情况非常普遍。从心理学的角度来看，在两代人共同参与抚养孩子的模式中，最为重要的影响因素有以下几个方面：

★家庭氛围

和谐愉悦的家庭氛围最有利于孩子的健康发展，紧张冲突的家庭氛围会导致孩子出现各种心理和行为问题，比如由于两代人冲突导致的儿童情绪问题。

★教养观念的一致性

抚养者之间养育观念应保持一致，不一致的养育理念会直接导致孩子出现各种行为问题。如父母对孩子要求严格，老人对孩子宽松，每当父母要管教时，老人便会过来充当“救兵”，从而导致孩子产生过多的攻击行为。另外，成人间教养理念的差异也会导致孩子出现行为问题。

★隔代溺爱

隔代溺爱通常有三种表现：首先，对孩子的事情事无巨细，大包大揽，由此导致孩子动手和生活自理能力欠缺，依赖性强；其次，对孩子行为的过分纵容，导致孩子行为自控力差，出现较多冲动和攻击行为；最后，对孩子过分保护，导致孩子没有与同伴交往的机会，人际交往能力相对较弱。在有祖辈参与抚养孩子的家庭中，为了帮助孩子更好地发展，父母应建议祖辈学会放手，让孩子做自己力所能及的事情，避免事事包办；学会给孩子立规矩，在日常生活中培养孩子的规则意识，让孩子学会管理自己的行为；让孩子到同伴中去，鼓励孩子多和同伴交往，有意培养孩子的人际交往能力。

在有些老人确实很难改变自己观念的情况下，父母也不应该让它成为不能管教好孩子的借口。最好的解决办法就是制定一个规则，明确地对孩子说：在这个家里，你要按照我们设定的规则行事，否则，我们将依次取消你的以下特权。

1. 晚饭后看半小时电视。
2. 看自己喜欢的图书。
3. 与朋友一起玩。
4. 周末去动物园看大象。

什么时候你能遵守规则了，再恢复你的这些特权。在孩子的心中，他们会对家庭每个成人的地位和权威进行判断，一般而言，父母才是他们心中真正的权威，也是他们行为模仿的对象，因此，父母大可不必为了老人的教养方式而与其起争执。

# 更多育儿图书推荐

《宝宝出生第一年的育儿日记》
定价:68.00元

书中每周都会以问答的方式介绍当前月龄的宝宝和父母应该注意的事情，并适时推荐育婴用品以及给妈妈加油的简短语录，以让育儿这件事儿变得轻松。

颜值高、功能全的宝宝成长记录册
一天一页，让时间见证宝宝的成长

《陪伴是最好的爱：
130个亲子创意启蒙互动游戏》
定价:78.00元

本书作者李杏毕业于美国亚利桑那大学教育学专业，她在3年的育儿实践中总结出了数百个与孩子互动的方法和游戏，并创建“大麦小哈游戏室”微信公众号。本书精选了其中100个0~1岁的亲子互动方法和130个亲子创意启蒙互动游戏。希望这本育儿“宝典”可以帮助广大父母更高质量地陪伴孩子。

《冷静下来:你唯一需要的育儿技巧》
定价:35.00元

大卫·维恩纳（一对双胞胎男孩的父亲）最早在其网络博文中提出用“冷静法”育儿，随后将它们编制成书。他在书中毫无保留地介绍了大量亲身实践过的实用方法，并告诉读者，依靠常识就能解决大部分的育儿问题。